深圳市装配式装修项目
案例汇编

深圳市建设科技促进中心
深圳市建筑产业化协会　主编

中国建筑工业出版社

图书在版编目（CIP）数据

深圳市装配式装修项目案例汇编 / 深圳市建设科技促进中心，深圳市建筑产业化协会主编. -- 北京：中国建筑工业出版社，2025.5. -- ISBN 978-7-112-31066-1

Ⅰ. TU767

中国国家版本馆CIP数据核字第20254TA407号

责任编辑：陈夕涛　徐昌强　李　东
责任校对：张　颖

深圳市装配式装修项目案例汇编
深圳市建设科技促进中心　深圳市建筑产业化协会　主编

*

中国建筑工业出版社出版、发行（北京海淀三里河路9号）
各地新华书店、建筑书店经销
华之逸品书装设计制版
北京富诚彩色印刷有限公司印刷

*

开本：787毫米×1092毫米　1/16　印张：11¼　字数：207千字
2025年5月第一版　　2025年5月第一次印刷
定价：108.00元
ISBN 978-7-112-31066-1
（44721）

版权所有　翻印必究
如有内容及印装质量问题，请与本社读者服务中心联系
电话：（010）58337283　QQ：2885381756
（地址：北京海淀三里河路9号中国建筑工业出版社604室　邮政编码：100037）

编委会

编委会成员： 龚爱云　邓文敏　岑　岩　李　蕾　唐振忠　龙玉峰
编 写 人 员： 龚春城　付灿华　李　月　刘　昊　彭灵栋　徐　立
　　　　　　　　郭文波　曲　胜　吴　昊　蒋　剑　魏惠强　刘丰钧
　　　　　　　　刘向前　江国智　佘　锟　操雯雯　王炜博　张锐戎
　　　　　　　　鑫周俊　柳　琳　宋福刚

指 导 单 位： 深圳市住房和建设局
主 编 单 位： 深圳市建设科技促进中心
　　　　　　　　深圳市建筑产业化协会
参 编 单 位： 深圳广田集团股份有限公司
　　　　　　　　香港华艺设计顾问(深圳)有限公司
　　　　　　　　深圳时代装饰股份有限公司
　　　　　　　　深圳市晶宫建筑装饰集团有限公司
　　　　　　　　深圳市建筑装饰(集团)有限公司
　　　　　　　　深圳瑞和建筑装饰股份有限公司
　　　　　　　　深圳市中装建设集团股份有限公司

前 言

作为全国首批装配式建筑示范城市，深圳市从先行先试到先行示范，闯出了一条具有深圳特点的装配式建筑发展道路，推动装配式建筑向高技术、高效能、高质量发展，开创了全国领先的良好局面，并持续向粤港澳大湾区乃至全国输出可复制、可推广的"深圳经验"。

装配式装修作为提高装配式建筑质量的重要措施，是建设行业与居住消费者之间的"最后一公里"。传统装修方式存在的资源浪费、噪声扰民等问题，迫切需要发展装配式装修提供更高品质、更高效率的装修模式，努力让人民群众的居住生活获得感成色更足、幸福感更可持续。装配式装修是贯彻绿色发展理念的必由之路。在碳达峰、碳中和"3060目标"的大背景下，装配式装修通过采用设计、生产、施工一体化建造方式和干式工法工艺，能够最大限度地提高建筑材料的重复利用率，减少现场湿作业，提升绿色环保性能，助力实现"双碳"目标。装配式装修是实现建筑领域新质生产力的重要抓手。装配式装修基于标准化、工业化、信息化特点，涉及部品部件品类广、产业链长，将有力促进上下游产业链形成一体化思维，有力推动产业链全面升级，加快形成建筑领域新质生产力。

本书从深圳市各批次装配式装修试点项目中甄选，对2024年之前完工的9个代表项目进行整理汇集，具体涵盖保障性住房2个，以及商品住房、公寓宿舍、学校、医院、酒店、办公楼、大型公建场馆各1个。其中，深圳市长圳公共住房及其附属工程是深圳首个全面应用干式工法的装配式装修保障性住房，采用绿色健康装修材料，实现规模化生产和流水式安装；深湾汇云中心五期香格里拉酒店基于前期收集的现场数据，借助BIM系统精准模拟安装过程，生成最优的材料切割和排布方案，进一步降低能源消耗和材料损失；中电长城大厦南塔项目从设计到施工的全生命周期采用一系列装配式装修技术，凭借设计标准化、生产工厂化、现场安装装配化的优势，有效助力现场施工精准、高效、有序……麒龙苑、麟龙苑、半山臻境、农商培训学院、深圳技术大学、深圳市中医院光明院区一期、深圳美术馆新馆等一批试点项目的成功落地，映射出深圳近年来推进装配式装修的发展脉络，为全市乃至全省装配式装修发展提供了典型实践样本。

　　本书谨供装配式装修相关企业和从业人员借鉴参考，旨在通过对这些试点项目的深入研究、阶段性总结和发展展望，为当前和下一阶段推进装配式装修与项目应用提供参考与启迪。同时，希望各企业在实践过程中加强沟通交流、不断积累经验，对本书提出宝贵意见，以供今后修订时修正和充实，共同为深圳市装配式装修发展作出新的贡献。

目 录

第一部分 深圳市装配式装修发展概况 ... **001**
 一、政策引导 ... 004
 二、标准支撑 ... 005
 三、产业发展 ... 006
 四、试点应用 ... 007

第二部分 深圳市装配式装修项目案例 ... **011**

居住建筑

【案例一】 深圳市长圳公共住房及其附属工程 ... 014
 一、项目概况 ... 014
 二、装配式装修技术应用情况 ... 019
 三、综合效益 ... 027
 四、项目总结 ... 031

【案例二】 麒龙苑、麟龙苑项目 ... 032
 一、项目概况 ... 032
 二、装配式装修技术应用情况 ... 038
 三、综合效益 ... 044
 四、项目总结 ... 048

【案例三】 半山臻境项目 ... 049
 一、项目概况 ... 049
 二、装配式装修技术应用情况 ... 055

三、综合效益 059
　　四、项目总结 061

公共建筑

【案例四】 农商培训学院项目 064
　　一、项目概况 064
　　二、装配式装修技术应用情况 069
　　三、综合效益 079
　　四、项目总结 081

【案例五】 深圳技术大学项目 082
　　一、项目概况 082
　　二、装配式装修技术应用情况 086
　　三、综合效益 103
　　四、项目总结 104

【案例六】 深圳市中医院光明院区一期项目 106
　　一、项目概况 106
　　二、装配式装修技术应用情况 108
　　三、综合效益 114
　　四、项目总结 115

【案例七】 深湾汇云中心五期香格里拉酒店 116
　　一、项目概况 116
　　二、装配式装修技术应用情况 123
　　三、综合效益 127
　　四、项目总结 129

【案例八】 中电长城大厦南塔项目 130
　　一、项目概况 130
　　二、装配式装修技术应用情况 135
　　三、综合效益 140
　　四、项目总结 143

目 录

【案例九】 深圳美术馆新馆、深圳第二图书馆项目 144
 一、项目概况 144
 二、装配式装修技术应用情况 151
 三、综合效益 162
 四、项目总结 166

结语与展望 167

第一部分

深圳市装配式装修
发展概况

在新时代新征程背景下，深圳市装配式建筑发展进入了新阶段，需要立足新起点、把握新要求、明确新目标、作出新贡献，大力推进装配式装修创新应用，不断增强人民群众的获得感、幸福感、安全感。

装配式装修作为全新的装修模式，在对项目技术选型、实施及管理提出更高要求的同时，具有传统装修模式无法企及的独特优势。其主要特点如下：

（1）提升施工效率。装配式装修通过标准化设计、工厂化生产、装配化施工、信息化管理，将复杂环节转移至工厂，把以现场湿作业为主的传统施工模式，转为以干式工法为主的安装方式，施工效率得以大幅提升。

（2）提升施工质量。装配式装修通过工厂化生产，标准化部品部件在工厂质量管理体系下进行研发和生产，流程更科学，管理更到位，具有更强的品控执行力；通过信息化管理，装配式装修部品部件材料性能质量责任追溯界面清晰，部品部件质量可控可监管，极大地提升了施工质量，使装配式装修成品品质更加出众。

（3）减少安全隐患。传统装修工序在现场加工，工序复杂，施工过程中人为因素影响较大，对现场施工流程管理要求极高，存在施工安全隐患。装配式装修大部分工序都在工厂完成，避免了现场高危作业方式，仅需要采用一些简单的安装加固工具，大大降低了工程事故发生的可能性。

（4）用材绿色环保。装配式装修所用材料的品类、规格、参数及质量应符合设计要求和现行国家标准《民用建筑工程室内环境污染控制标准》GB 50325—2020、《室内空气质量标准》GB/T 18883—2022有关规定。通过工厂化生产、现场干作业施工，使部品部件生产过程中所产生的污染以及装修工程完成后的室内环境污染变得可控，有效缩短了装修工程项目从验收到使用的时间。同时，施工工期、现场噪声和其他污染等也得到显著降低。

（5）后期维护便利。装配式装修采用工厂化生产的标准化产品，提高部品部件的"通用性和互换性"；采用"可逆安装与无损拆除的设计原则"，确保部品部件维修更换不影响主体结构及外围护系统的完整性和安全性，不改变原有空间的安全性能，满足建筑生命周期内使用功能可变性要求；采用"管线分离"，便于安装、更新、改造、维护；建立"部品部件库"以及易损部品和特殊部件备用库，编制部分部品及配件型号的关键参数备忘录，以便后期维修更换部品部件时采购参考。

装配式装修仍处于起步阶段，整合既有项目经验，可为新项目落地与实施提供技术指导，有效引导装配式装修技术的规模化应用，并通过项目实施不断优化和改善，为装配式装修发展总结新经验，提供可靠的实践基础。

一、政策引导

2009年，深圳市第四届人民代表大会常务委员会第二十五次会议通过《深圳市建筑废弃物减排与利用条例》，第一次提出"推行住宅装修一次到位""鼓励新建住宅的建设单位直接向使用者提供全装修成品房"。

2014年，深圳市住房和建设局发布《关于加快推进深圳住宅产业化的指导意见（试行）》（深建字〔2014〕193号），明确提出"推进住宅一次性装修到位""鼓励建设单位采用菜单式和集体委托方式提供全装修成品房，逐步扩大商品住宅全装修比例"。

2017年，深圳市住房和建设局、深圳市规划和国土资源委员会、深圳市发展和改革委员会联合印发《关于提升建设工程质量水平打造城市建设精品的若干措施》（深建规〔2017〕14号），再次强调"引导和鼓励新建住宅一次装修到位或菜单式装修模式"。

2018年3月，深圳市住房和建设局等部门联合印发《深圳市装配式建筑发展专项规划（2018—2020）》（深建字〔2018〕27号），提出"推广标准化、集成化、模块化的装修模式；提高装配式装修水平，开展装配式装修试点示范工程建设；推行装配式建筑全装修成品交房"。

2018年11月，深圳市住房和建设局等部门联合发布《关于做好装配式建筑项目实施有关工作的通知》（深建规〔2018〕13号），制定了《深圳市装配式建筑评分规则》，将"装修和机电"纳入装配式建筑评体系，并设置最低分值，针对装配式建筑的全装修、机电管线、集成式厨卫等提出了全新的要求。

2022年10月，深圳市住房和建设局印发《深圳市推进新型建筑工业化发展行动方案（2023—2025）》（深建设〔2022〕18号），将"装配式建筑项目在全面实施全装修的基础上大力推广装配式装修；政府投资和国有资金投资建设的保障性住房全部采用装配式装修；积极引导既有建筑改造中采用装配式装修技术；编制各类建筑的装配式装修技术规程"作为重点工作任务。

从"全装修"到"菜单式装修"再到"装配式装修"，从推荐到一定范围严格实施，通过出台装配式装修系列政策，深圳市装配式装修产业链发展方向得以明确，企业开展技术攻关积极性提高，试点示范工程相继落地，行业水平得到持续提升。

二、标准支撑

2021年4月，深圳市住房和建设局发布深圳市首部装配式装修工程建设地方标准——《居住建筑室内装配式装修技术规程》SJG 96—2021（以下简称《规程》），并于同年6月1日正式实施。《规程》以《深圳市装配式建筑评分规则》作为编制依据，与《关于做好装配式建筑项目实施有关工作的通知》（深建规〔2018〕13号）有效衔接，适用范围包括深圳市新建、改扩建居住建筑室内装配式装修工程，对装修设计到运维全阶段作出基本规定，推动一体化、集成化、工业化的设计理念，明确定义干式工法的施工工艺，引导性强，包容度高，为后续装配式装修有关政策编制、技术推广及项目实施提供了有力支撑。

2023年3月，深圳市住房和建设局发布了"深圳市工程建设标准图集"。该图集共分为叠合楼板、预制内墙条板、预制混凝土楼梯、整体卫生间四册。其中，《装配式建筑标准化产品系列图集（整体卫生间）》SJT 06—2023，立足于深圳实际情况，力争做到整体卫生间经过设计单位一次设计之后"无需深化设计"，充分贯彻了标准化产品理念；在编制内容和体例上进行创新，融合了建筑部品设计、建筑设计和应用技术要点的形式，在一本图集里体现设计、生产、施工的相关要求，具有较强的实用性；本册图集纳入了多个尺寸型号的整体卫生间，适用范围涵盖住宅、公寓、宿舍、酒店、旧改等工程，提高了工程建造的灵活度以及经济性。

2024年6月，深圳市住房和建设局发布《装配式装修评价标准》SJG 159—2024（以下简称《评价标准》），强调干式工法技术主线，采用因地制宜技术策略，鼓励更高集成度产品应用，推广可逆安装技术，使用维护更便利、更绿色可持续，同步推广智能建造设备应用、全屋智能应用、BIM应用、绿色建材产品应用，积极响应装配式装修全面发展的实际需求。《评价标准》提出了技术评分计算方法，包括设计协同与标准化、工厂生产与装配安装、集成应用和加分项等，提升装配式装修项目质量和技术水平，为项目落地应用提供技术支撑，具有较为突出的创新探索意义。

此外，《装配式装修部品部件标识标准》SJG 176—2024已于2025年1月1日正式实施。《酒店建筑装配式装修技术规程》《装配式装修适用技术指南》等地方标准及指南也正在编制当中。深圳从发布首个装配式装修地方标准，再到相关标准及技术文件的陆续编制与发布施行，为后续装配式装修有关政策编制、技术推广及项目实施提供有力支撑，也为全国装配式装修发展提供可复制、可推广经验。

三、产业发展

（一）开发企业探索引领

万科企业股份有限公司作为住宅产业化的先行者，在2003年率先开展了"菜单式装修"这一创新实践，2014年起主流住宅产品全部精装交付。这不仅是一次创新尝试，更是深圳在装配式装修领域精耕细作的一个缩影，为推动住宅产业化、实现建筑业转型升级作出了积极贡献。深圳市安居集团有限公司积极参与研究和编制装配式装修相关工程建设标准、技术指南、发展规划，以及开展科研技术项目的选题论证工作。在立项阶段充分发挥设计先导作用，推广通用化、模数化、标准化设计方式，全面应用建筑信息模型（BIM）。招商局蛇口工业区控股股份有限公司在长租公寓项目中率先采用装配式装修，提升了装修效率，提高了装修质量和环保标准，为租户提供了更加舒适和健康的生活空间。在精品酒店项目中通过模块化设计和标准化施工，实现了装修风格的统一和个性化需求的满足，缩短了装修周期，加快了项目开业进程。

（二）装修企业转型升级

深圳广田集团股份有限公司作为建筑装饰行业龙头企业，于2017年开始涉足装配式装修领域，经过多年持续探索，从研发、设计、供应链、施工和运维等多个维度，进行装配式装修体系的迭代升级，并在2020年建立了广田集团GT装配式装修第三代产品体系，其代表性项目深圳市长圳公共住房及其附属工程是目前全国规模最大的装配式建筑保障性住房项目。深圳时代装饰股份有限公司获批广东省装配式建筑产业基地、首批深圳市装配式建筑产业基地，近年每年平均完成30万 m^2 的装配式装修房交付使用。成功研发时代装饰100%全装配式装修产品体系，并在深圳安居锦园样板房项目进行首个全屋100%装配式装修技术应用。深圳市晶宫建筑装饰集团有限公司是已成立近40年的深圳本土装饰企业，其承接的南昌航信大厦装配式装修工程项目，室内全面采用装配式墙面、隔墙、吊顶、地面、门窗及收纳系统等装配式装修技术，项目荣获全国装配式示范项目、中国建设工程鲁班奖（国家优质工程）。

除此之外，受益于深圳市主管部门的高度重视与大力支持，一批以装配式装修为核心发展方向的装修企业逐渐涌现。深圳市建筑装饰（集团）有限公司、深圳市华壹装饰科技设计工程有限公司、深圳瑞和建筑装饰股份有限公司、深圳市中装建设集团股份有限公司等新兴装配式装修企业应运而生。各代表性企业不断加大对试点示范项目工程样板和展示空间的建设投入，通过项目实践持续优化和改善相关技术体系，装配式装修品质得到显著提升。

四、试点应用

2021年，深圳市住房和建设局举办深圳市首部装配式装修地方标准《居住建筑室内装配式装修技术规程》SJG 96—2021发布会，明确深圳市长圳公共住房及其附属工程、半山臻境项目等首批12个装配式装修试点项目（表1-1）。

深圳市首批装配式装修试点项目清单　　　　　　　　　　　表1-1

序号	项目名称
1	深圳市长圳公共住房及其附属工程总承包（EPC）项目精装修工程9标段
2	半山臻境项目
3	中海慧智大厦项目3A栋16～18层装配式装修分包工程
4	坪山安居凤凰苑项目
5	农商培训学院装修工程项目工程总承包（EPC）工程
6	红土创新广场精装修工程I标段
7	观城苑（有轨电车上盖保障房）
8	万丰大洋田人才住房社区项目
9	深圳太子伊敦睿选酒店项目
10	福田区建筑工务署幼儿园项目
11	深圳技术大学建设项目（一期）建筑装修装饰工程V标段
12	泰宁小学（东湖汽车站07-07地块临时校舍新建工程）

2022年11月，深圳市建筑产业化协会持续扩大试点范围、加大试点规模，经过公开征集、自主申报、初选初筛、专家评审等环节，公布了深圳市第二批装配式装修试点项目，为深圳下一阶段装配式装修规模化应用提供更多有力支撑（表1-2）。

深圳市第二批装配式装修试点项目清单　　　　　　　　　　表1-2

序号	项目名称
1	深圳美术馆新馆深圳第二图书馆项目
2	深圳市青少年足球训练基地项目2标段
3	深圳市装配式建筑产业工人职业培训基地
4	深湾汇云中心五期香格里拉酒店装饰工程

续表

序号	项目名称
5	安居麒龙苑项目
6	安居麟龙苑项目
7	龙华A916-0572宗地全年期自持市场租赁住房项目
8	安居锦园项目
9	特区建工绿色新材料产业化应用工程技术中心办公室装修项目
10	中电长城大厦南塔项目精装修设计、采购、施工（EPC）总承包
11	华艺公司马家龙创新大厦办公楼EPC总承包工程
12	泊寓美景项目精装修总承包工程

2023年7月，广东省住房和城乡建设厅发布了广东省装配化装修试点项目，华南师范大学附属中学增城学校项目等23个项目入选，吹响了全面推进装配化装修试点工作的号角（表1-3）。本次公布的试点项目包括在建项目和已竣工两年内的项目，覆盖混凝土结构、钢结构和模块化建筑等类型，试点内容涵盖成套技术应用、整体卫生间应用、模块化建筑应用、一体化设计、BIM技术应用及管理、标准化部品部件应用、墙体墙面一体化隔墙体系应用、装修过程机器人应用、无损拆除与可逆安装和穿插流水施工等内容。

广东省装配化装修试点项目名单（深圳项目）　　　　表1-3

序号	项目名称
1	深圳市长圳公共住房及其附属工程
2	半山港湾花园项目商品房户内批量装修工程一标段
3	泊寓美景项目精装修总承包工程
4	农商培训学院装修工程项目工程总承包EPC
5	深圳市清水河街道LH-049地块临时校舍新建工程
6	中电长城大厦南塔项目精装修设计、采购、施工（EPC）总承包工程
7	龙华樟坑径地块项目
8	安居麟龙苑精装修工程、安居麒龙苑精装修工程
9	光明区荣胜小学（暂定名）建设工程项目
10	长圳片区预制式学校（暂定名）建设工程项目
11	白沙岭抢险维修及调度服务中心
12	安居荟智苑项目
13	深圳地铁红树湾上盖开发项目五期酒店精装修工程二标段

2024年1月,深圳市建筑产业化协会结合深圳市第一、二批装配式装修试点项目及广东省装配化装修深圳项目试点情况,再次扩大试点范围、加大试点规模,公布了深圳市第三批装配式装修试点项目8个,为深圳下一阶段装配式装修的规模化应用提供更多有力支撑(表1-4)。

深圳市第三批装配式装修试点项目清单　　　　表1-4

序号	项目名称
1	香港中文大学(深圳)二期建设工程建筑装修装饰工程Ⅱ标
2	深圳市吉华医院(原市肿瘤医院)项目建筑装修装饰工程Ⅴ标
3	中山大学附属第七医院(深圳)二期项目建筑装修装饰工程Ⅳ标
4	深圳市中医院光明院区一期项目
5	华为九华山工业园公寓项目精装修分包工程
6	安居微棠2023年度第二批改造提升项目(宝安福永街道福永、白石厦、聚福社区等)施工总承包
7	中建香港内地支援中心项目室内精装修工程
8	白沙岭抢险维修及服务调度中心

截至2024年,深圳已累计发布三批共32个装配式装修试点项目,覆盖保障性住房、商品住宅、宿舍、办公楼、学校、酒店、大型公建场馆、模块化建筑、既有建筑改造等类型。13个项目入选广东省装配式装修试点项目,占全省试点项目比重的56.5%。各试点项目均取得良好成效,有效积累了多种建筑类型实施装配式装修的技术及管理经验,部分重点单位自主由个别试点向批量化试点迈进,奠定了深圳市装配式装修发展的重要实践基础。通过开展试点,探索形成一批经验做法,加快推进绿色低碳、高效便捷的装配式装修技术应用,培育装配式装修集成产业,提升内装修效率和品质,促进装配式建筑高质量发展。

第二部分

深圳市装配式装修
项目案例

居住 | Residential Building | 建筑

【案例一】

深圳市长圳公共住房及其附属工程

建设单位：深圳市住房保障署
施工单位：中建科技集团有限公司
设计单位：深圳市建筑设计研究总院有限公司，中建科技集团有限公司
装配式装修实施单位：深圳广田集团股份有限公司（13号楼、14号楼）
装配式装修部品部件生产单位：肇庆三乐集成房屋制造有限公司

一、项目概况

（一）项目总体说明

长圳项目又名"凤凰英荟城"，是目前全国规模最大的采用装配式建筑技术的保障性公共住房项目，全国最大的装配式装修和装配式景观社区，也是深圳市建设管理模式改革创新试点项目（图2.1-1、表2.1-1）。项目总投资57.97亿元，用地20.77万 m^2，总建筑面积116万 m^2，共建设住房9672套，于2020年10月开工，2021年12月竣工。

深圳市长圳公共住房及其附属工程项目概况　　表2.1-1

开工时间	2020年10月30日
竣工时间	2021年12月27日
建筑规模（面积/高度）	116万 m^2/150m
结构类型	框架剪力墙结构、双面叠合剪力墙结构、现浇剪力墙+PC预制构件结构、装配式大框架钢混组合结构
实施装配式装修面积	6.5万 m^2
采用的装配式装修技术	集成式卫生间、标准化部品部件应用、无损拆除与可逆安装、成套技术应用、一体化设计、BIM技术应用及管理、穿插流水施工技术
项目特点与亮点	深圳市长圳公共住房及其附属工程总承包（EPC）（以下简称"长圳项目"）装配式建筑评价等级为AAA级。主体工程主要采用轻钢龙骨隔墙与条板隔墙体系的装配式装修技术，地面采用实木地板干铺，搭配BIM数字化技术的集成式卫生间与厨房体系，打造深圳市重大民生项目、国家三大示范工程、行业八大标杆工程

图2.1-1　深圳市长圳公共住房及其附属工程鸟瞰图

长圳项目大量采用了预制楼梯、预制阳台、预制挂板等，主体工程主要采用轻钢龙骨隔墙与条板隔墙体系的装配式装修技术，地面采用实木地板干铺，搭配BIM数字化技术的集成式卫生间与厨房体系。

（二）获奖情况及完成效果

本项目以高度的使命感与责任感，综合应用绿色、智慧、科技的装配式建筑技术，打造建设领域新时代践行新发展理念的城市建设新标杆。立足高品质，用匠心建造精品，改变以往保障房就是"低端房"的固有印象，示范落地16个"十三五"课题、国家重点研发计划项目的49项关键技术成果，开展专题研究20项，打造国家三大示范、行业八大标杆。

三大示范：住房和城乡建设部智能建造示范项目、国家重点研发计划专项的综合示范工程、住房和城乡建设部装配式建筑科技示范工程（图2.1-2）。

图2.1-2　三大示范、八大标杆

八大标杆：公共住房项目优质精品标杆、绿色建造标杆、全生命周期BIM应用标杆、人文社区标杆、智慧社区标杆、科技住区标杆、装配式建造标杆、城市建设领域标准化运用标杆。

该工程于2021年获选深圳市首批装配式装修试点项目（图2.1-3），是中国首个全面应用装配式建筑智慧建造平台项目、深圳首个全面应用干式工法的装配式装修保障性住房项目，实现了从传统现浇混凝土"湿式"施工向工业化"干式"施工的转型升级，获绿色建筑二星居住建筑和公共建筑设计标识。项目得到住房和城乡建设部高度认可，5项智能建造与新型建筑工业化经验做法在全行业广泛推广。

图2.1-3　2021年获评为深圳市首批装配式装修试点项目

该工程建筑鸟瞰图、总平面图、建成现场图、标准层平面图、装修设计图、装修效果图、装修现场图如图2.1-4～图2.1-17所示。

图2.1-4　深圳市长圳公共住房及其附属工程项目鸟瞰图

第二部分 深圳市装配式装修项目案例

图2.1-5 13号楼标准层总平面图

图2.1-6 深圳市长圳公共住房及其附属工程项目建成现场图

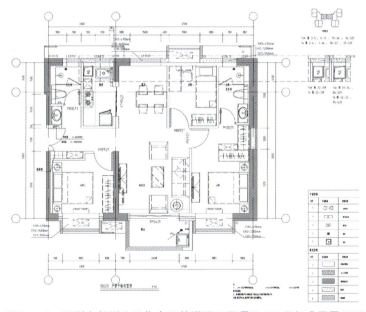

图2.1-7 深圳市长圳公共住房及其附属工程项目100号标准层平面图

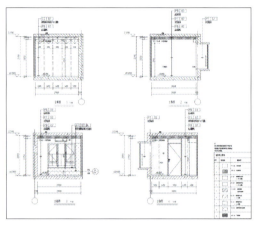

图2.1-8　装修设计图（主卧）

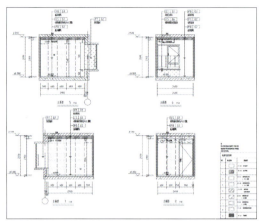

图2.1-9　装修设计图（次卧）

图2.1-10　80号卧室效果图

图2.1-11　80号起居室效果图

图2.1-12　80号卫生间效果图

图2.1-13　80号厨房效果图

图2.1-14　65号空间现场图

图2.1-15　起居室现场图

图2.1-16　厨房现场图

图2.1-17　卫生间现场图

二、装配式装修技术应用情况

长圳项目是深圳首个全面应用装配式装修的保障性住房项目（图2.1-18）。主要装修范围包括不限于公共区域入户大堂、电梯厅、公共走道等地面工程、顶棚工程、墙柱面工程、踢脚线工程（瓷砖、不锈钢）、电梯门套工程、灯具开关插座（包括楼梯间），以及"甲指乙供材"的安装工程。

项目户内装饰采用了成套的装配式装修技术体系，墙面为硅酸钙板饰面装修，地面为强化木地板，卫生间及厨房均为集成式厨卫装修模式。整个施工过程采用一体化设计、所用的部品部件均为工厂统一生产、标准化加工，运至现场后统一进行组装，

图2.1-18　长圳项目九标段（13号楼、14号楼）

现场大量减少湿作业。

(一) 装配式装修成套技术应用

本项目运用了装配式隔墙、装配式墙面、装配式集成吊顶、装配式楼地面、集成式卫生间及集成厨房技术体系，且结合BIM数字化应用，共同构造了本项目装配式装修成套技术体系应用。项目装修全过程实现工厂生产、现场干式工法施工，具有绿色施工、即装即住、工业美观、维护方便等特点。

1. 装配式隔墙与墙面体系应用

1) 技术体系

本项目采用的隔墙系统为轻钢龙骨隔墙体系与条板隔墙体系。其中轻钢龙骨隔墙体系采用的为高强度钢材作为基层龙骨，其承载能力、隔热性能较好。通过工业化生产方式，在施工现场按照设计图纸进行拼装，大大缩短了施工周期，提高了施工效率。

轻质条板隔墙主要由硅质、钙质材料制成的高强度硅酸钙板作为两侧的面板，水泥发泡和聚苯颗粒混合作为中间层，通过高温蒸养、加压等多种工序制作而成。此种隔墙重量较轻，减轻了建筑的整体负荷，同时轻质条板隔墙强度高，抗冲击、抗压能力强，防火阻燃效果好。墙面使用硅酸钙板装配式墙面，基层板加饰面层在工厂定制成型，现场采用物理连接，施工速度快、质量高（图2.1-19～图2.1-22）。

图2.1-19　轻钢龙骨隔墙+硅酸钙复合墙板墙面安装工艺

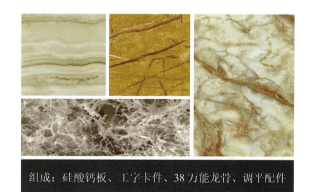

图2.1-20　墙面硅酸钙板体系

图2.1-21　硅酸钙板开槽及连接件

图2.1-22 硅酸钙板墙面完工效果

2）获得知识产权

专利名称：一种装配式墙面接缝凹槽造型收口系统；

发明专利号：ZL 202020939521.4。

2. 装配式地面体系应用

本项目经过前期设计优化，客厅及卧室地面采用40mm隔声找平层+防潮垫+10mm强化木地板施工。本项目采用实木地板干铺工艺，具有施工便捷、健康环保、维护方便等特点，整体装饰效果较好（图2.1-23、图2.1-24）。

图2.1-23 地面工艺节点

图2.1-24　客厅及卧室地面完成效果

3. 集成式卫生间及集成厨房体系应用

本项目卫生间及厨房均采用集成式做法。卫生间吊顶采用乳胶漆吊顶、墙面为硅酸钙板体系、地面采用现场水泥砂浆找平后进行瓷砖湿贴工艺；集成厨房采用全装配工艺，大大缩短了装修周期，减少了噪声污染，让装修变得简单快捷。集成厨房所使用的装饰材料均为无甲醛、无毒的环保材料，确保了家居环境的健康与安全，这些材料具有出色的耐久性和稳定性，能够长期保持厨房的美观和舒适。集成式卫生间与集成式厨房均在工厂定制成单元模块化部品部件，现场采用物理连接方式固定在结构层上，满足工厂生产、现场干式工法施工要求，大量减少现场湿作业，改善现场施工环境（图2.1-25、图2.1-26）。

图2.1-25　墙面基层采用定制38龙骨+防潮膜

4. 管线分离体系应用

管线分离技术将建筑和装修中的管线系统与建筑结构本身分离，以实现更高的建筑性能和更好的维护更新能力。管线分离技术使得装修中管线系统可以根据需求灵活

图 2.1-26　厨房及卫生间完工装修效果

布置和调整。这种灵活性为建筑空间的重新规划和设计提供了极大的便利,能够快速适应新的使用需求,提高了建筑的适应性和可持续性(图 2.1-27)。

图 2.1-27　墙面及吊顶管线分离

(二)基于BIM的数字化应用

本项目将BIM技术与装配式装修技术完美结合,对项目进行全面分析,优化设计、施工重难点,利用BIM技术进行模型分析、比对,将方案以三维立体或模拟实际场景的方式展现。应用BIM模型精确确定材料用量,控制损耗和成本;通过BIM模型生成施工图纸,并进行信息集成及后期维护。

装配式部品部件具有工厂预制、现场安装的特点。对于材料下单的准确性提出了更高的要求。

(1)数据精准:BIM技术拥有一键编码功能,可准确达到排版图和明细表信息的一致性,从而减少数据出错、反复协调修改的情况出现(图 2.1-28)。

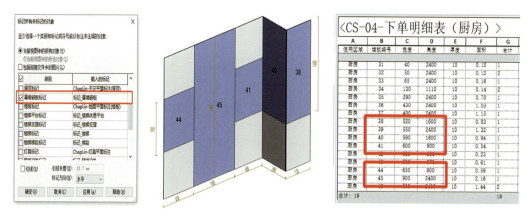

图2.1-28　长圳项目一键编码/模型墙板/明细表

（2）快速生成清单：每一个构件都拥有独立模型信息，如尺寸、编号等几何和非几何信息。加上BIM的自动化数据统计，一键导出材料清单，避免了传统手动下单方法制作表单，从而提升整体下单效率。

（3）形成三维排版图：排版方式的表达效果与传统CAD相比，拥有三维的排版图，使工人快速而又清晰地读懂图纸，从而提高现场工人在安装墙板时的工作效率。

（4）生成唯一编号：与传统CAD下单比较，BIM下单编号是相同材质、相同尺寸规格的墙板自动归类到一起，具有编号唯一等特性。为后续下单提供了清晰的下单数据，提高整个下单流程的工作效率（图2.1-29）。

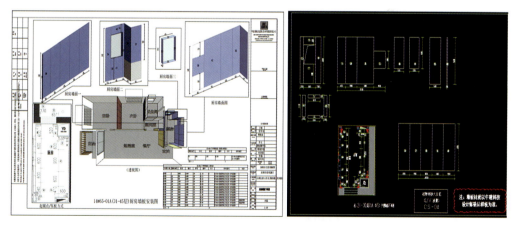

图2.1-29　BIM及CAD下单图纸

（5）现场复核尺寸：通过激光采集设备对房屋无死角全方位地扫描采集，获取原始结构墙、柱、梁、管道、电箱、消火栓等全部数据，快速生成BIM模型文件，基于BIM的现场复尺也大幅提升工作效率（图2.1-30）。

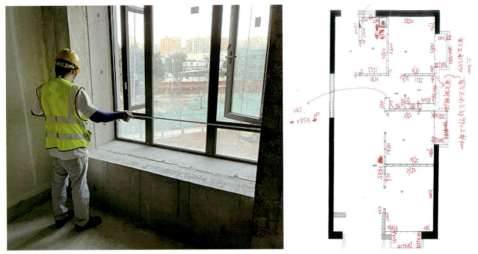

图2.1-30 现场复尺及尺寸复核

（6）优化压板方式及起铺点：压板方式及起铺对整体空间的装饰效果起决定性作用，避免影响装饰效果，将全面合理优化压板方式及起铺点的设置。综合考虑起铺原则及朝天缝等因素，合理布置压板方式及起铺点。

（7）形成透视图：根据初版下单平面图，工人将结合图纸进行现场复尺，创建初版下单平面图。根据复尺尺寸，结合施工图纸，创建BIM下单模型；将创建好的模型，以透视的效果进行三维展示（图2.1-31）。

图2.1-31 BIM模型及透视展示

（8）完善最终下单图：完善图纸文字信息、索引线及相关各类视图等，并拖入排版图，用于最终排版效果。

（9）按图施工：墙板到货后，按照材料所贴编码进行楼层、户型、空间分配，运至现场后根据三维下单图按安装顺序及编码逐个进行安装。整个BIM应用过程减少了材料的损耗，并且改善现场施工环境，三维图纸方便工人交底及安装施工，优化了整体装修效果（图2.1-32～图2.1-34）。

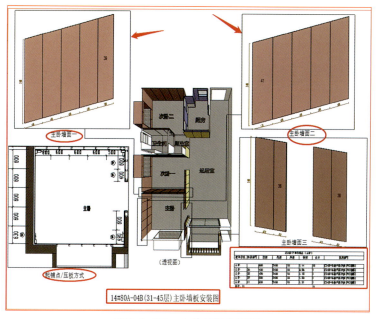

图2.1-32　主卧墙板安装图

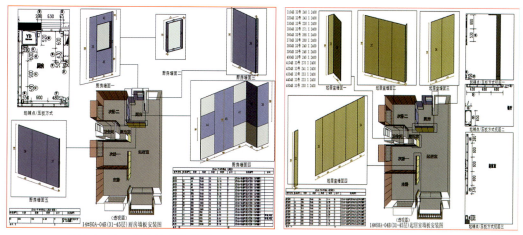

图2.1-33　厨房墙板下单图　　　　图2.1-34　起居室墙板下单图

三、综合效益

（一）成本分析

项目通过采用装配式装修技术，减少现场湿作业，取得了良好的经济与社会效益（图2.1-35～图2.1-38）。

图2.1-35　材料到货及材料搬运

图2.1-36　户型分配及墙板标识

 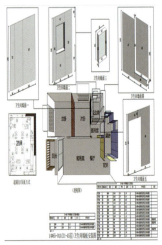

图2.1-37　墙板安装　　　　图2.1-38　墙板安装图

（1）装配式隔墙与墙面系统。本项目隔墙采用轻质条板墙、轻钢龙骨隔墙与传统隔墙相比成本增加14%左右，装配式墙面系统采用硅酸钙板墙面，相对于涂料墙面等，成本增加40%左右（表2.1-2）。

隔墙与墙面产品成本　　　　　　　　　　表2.1-2

产品名称	人工费（元/m²）	辅材费（元/m²）	综合单价（元/m²）
轻质条板隔墙	100.00	152.00	252.00
轻钢龙骨隔墙（龙骨+双面双层石膏板+清洁）	90.00	123.11	213.11
砌筑墙+抹灰	140.00	63.90	203.90

通过对比下表中的数据可以得出（表2.1-3），相较于传统铺贴墙面，装配式墙面在工艺上虽省去了抹灰工序，但主材价格差异较大，硅酸钙板墙面相对于传统墙砖铺贴来说综合单价增长5.4%。

墙面方案单价对比　　　　　　　　　　表2.1-3

类别	项目	计价单位	人工费（元）	主材费（元）	辅材（元）	综合单价（元）
传统抹灰	抹灰	m²	18.00	0	12.00	30.00
传统瓷砖铺贴	墙砖铺贴	m²	50.00	68.00	24.12	142.12
硅酸钙板墙面	硅酸钙板安装	m²	55.00	102.00	25.00	182.00

（2）装配式地面系统。本项目采用的强化木地板系统相对于传统木地板与瓷砖地面，成本基本持平。

（3）装配式厨房与卫生间。集成式厨房与卫生间和传统厨卫最大的区别在于墙地面的施工方式，长圳项目地面施工方式与传统一致，墙面采用硅酸钙板干式工法代替瓷砖湿贴，成本相对持平。

（4）本项目采取BIM应用优化排版下单方式，以硅酸钙板墙面为例进行成本分析，优化硅酸钙板最优排版及下单方式，降低损耗率约20%，成本也会下降。

（5）工期对比。装配式装修相较传统装修可减少一半工期，其关键在于两点：一是减少工序。通过新材料应用和工厂预制，将传统装修的多道工序集成为一体，可极大地提高施工效率，并且降低成本。二是采用干式工法，可避免湿作业中的材料干燥、养护等较为耗时的步骤，同时减少了工序间的衔接等待时间。

传统装修与装配式装修工期对比（以某房间为例）如图2.1-39所示。

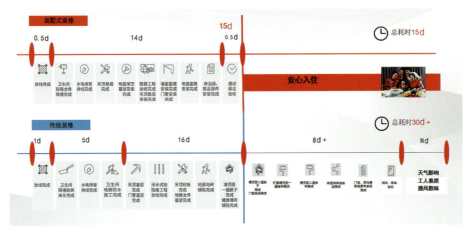

图2.1-39 装配式装修与传统装修工期对比

综上,采用装配式装修技术,大部分部品部件为工厂生产、现场采用干式工法施工,减少现场湿作业,采用的材料为环保型材料,减少室内污染物排放;并且采用配套的线条体系进行组装拼接,能够提高整体项目的施工质量及美观度,便于后期维护。本项目的成本增量主要体现在装配式隔墙与墙面上,常规保障性住房项目,墙面大多采用乳胶漆墙面,本项目采用集成板材代替传统涂料施工,成本体现为增量,地面与厨房、卫生间成本相对持平,但就整体工期、环保性能、后期维护等方面而言,总体经济与社会效益显著。

(二)用工用时分析

以80m^2户型的一个房间为例,对硅酸钙板墙面进行用工用时分析。

本项目墙面采用装配式硅酸钙板墙面体系,80m^2户型的一个房间总用工用时为6工日,传统项目常规情况下墙面为涂料,总用工用时为10工日,本项目相对于传统的涂料而言,总用工成本节约40%(表2.1-4)。

硅酸钙板墙面用工用时对比表　　　表2.1-4

项目类别	名称	工序	施工周期(以80m^2户型为例)	总用工用时
传统项目	涂料	腻子+底漆+面漆	1人×10日	10工日
本项目	硅酸钙板	基层+饰面	2人×3日	6工日

以80m^2户型的一个房间为例,对装配式装修施工进行用工用时分析。

本项目隔墙采用条板隔墙与轻钢龙骨隔墙相结合的装配式隔墙施工,墙面部分硅酸钙板墙面,地面实木地板干铺,厨房及卫生间采用集成厨房和集成卫生间体系,整个项目采用管线分离施工方式。以80m²一个户型为例,总用工用时节省34.66%(表2.1-5)。

装配式装修施工用工用时对比表　　　　表2.1-5

施工部位	传统保障房项目做法	本项目做法	传统保障房项目（工日）	本项目工艺做法（工日）
吊顶	乳胶漆	乳胶漆	10	10
隔墙	砌筑墙	条板隔墙+轻钢龙骨隔墙	12	10
墙面	乳胶漆	硅酸钙板墙面+乳胶漆墙面	20	10
地面	瓷砖湿贴	实木地板地面（现场找平）	8	6
厨房	乳胶漆吊顶、瓷砖墙面、瓷砖地面	乳胶漆吊顶、硅酸钙板墙面、瓷砖地面	10	5
卫生间	乳胶漆吊顶、瓷砖墙面、瓷砖地面	乳胶漆吊顶、硅酸钙板墙面、瓷砖地面	10	5
管线	墙地面开槽预埋	管线分离	5	3
合计	—	—	75	49

（三）减碳分析

在装修施工过程中,传统装修住宅每平方米产生0.101t垃圾,据测算,每立方米垃圾重1.920t,单位垃圾产生量为0.053m³。按统计年鉴可知,住宅的能耗为15.02kW·h/m²,按照每千瓦时0.405kg标准煤折算可得每平方米所耗标准煤为6.08kg。装配式装修与传统装修相比,减少了现场湿作业,采用的装配式装修部品部件为工厂生产,现场干式工法施工,减少了现场二次加工的粉尘及噪声污染,水资源可节约81.25%,能耗降低47.48%,维修垃圾减少40%,废水排放降低82%。

四、项目总结

长圳项目是深圳首个全面应用干式工法的装配式装修保障性住房,采用绿色健康装修材料,实现规模化生产和流水式安装,减少人工现场作业,达到节能环保的目的,保证装修质量。采用BIM应用优化排版方式,降低损耗率约20%。采取装配式装修工艺及材料,施工时间缩短20%~30%,总用工成本节约40%,大幅降低后期维护费用。相比传统装修,长圳项目在工期、效率、质量、成本、后期维护等方面具有明显优势。

【案例二】

麒龙苑、麟龙苑项目

建设单位：深圳市龙岗人才安居有限公司

施工单位：上海宝冶集团有限公司

设计单位：广东省建筑设计研究院有限公司

装配式装修实施单位：深圳市华壹装饰科技设计工程有限公司

装配式装修部品部件生产单位：山东宜居新材料科技有限公司、莎丽科技股份有限公司

一、项目概况

（一）项目简介

安居麒龙苑、麟龙苑项目（以下简称"阿波罗项目"）分两个地块，共3栋高层住宅（图2.2-1），户型设计有一室、两室、三室，总计957户。总建筑面积9.2万m^2，装配式装修面积6.1万m^2。本项目主要采用装配式饰面硅酸钙墙板、装配式地面板（SPC地板）、玻璃纤维增强石膏（GRG）包管、集成式厨房及卫浴GRC整体底盘（表2.2-1）。

麒龙苑、麟龙苑项目概况　　　　表2.2-1

开工时间	2023年11月19日
竣工时间	2024年4月14日
建筑规模（面积/高度）	9.2万m^2/99.8m
结构类型	框架剪力墙
实施装配式装修面积	6.1万m^2
采用的装配式装修技术	装配式饰面硅酸钙墙板、装配式地面板（SPC地板）、GRG包管、集成式厨房及卫浴GRC整体底盘
项目特点与亮点	1.通过全屋部品定制化生产、现场干式工法、穿插流水作业，采用装配式饰面硅酸钙墙板、装配式地面板（SPC地板）、玻璃纤维增强石膏（GRG）包管、集成式厨房及卫浴GRC整体底盘，并运用BIM技术及管理缩短工期，提高工程质量，降低工程成本。 2.通过装配式装修的实施与应用，分析装配式装修与传统装修工期、成本、节能减排等数据，编制了安居集团企业标准《保障性住房室内装配式装修技术标准》，为后期装配式装修项目提供技术指导与支持。

续表

项目特点与亮点	3.本项目是首批广东省装配式装修试点；深圳市保障性住房首批采用装配式装修的批量实施及应用项目；深圳市保障性住房首批数字家庭应用

图 2.2-1　项目效果图

（二）设计方案

2022年1月，阿波罗项目作为保障性住房"全装配式装修试点项目"进行重新设计。项目以现代极简为设计语言，去繁就简，粗犷天然的橡木木皮在整体布纹墙板中形成对比，在精致与粗糙混搭之间，展现出一种充满岁月感的宁静气息（图2.2-2）。

图 2.2-2　设计方案图

（三）项目亮点及荣誉

1. 项目创新点

装配式装修是发展装配式建筑的重要组成部分。其中，模块化、集成化的装修模式和轻质隔墙板等材料、部品的推广应用，是提高装配式装修水平，实现绿色施工、全装修成品交房的重要一环。项目采用装配式一体化装饰创新技术主要包括：

（1）通过BIM数字化设计（图2.2-3），对项目进行可视化建模，将消防、强电弱电、暖通、给水排水等综合点位与室内装修布置进行合理化排布。通过防水构造的模型推演，以及装配式地面与墙面的组合方式推演，提前排布卫生间隐蔽管线、发

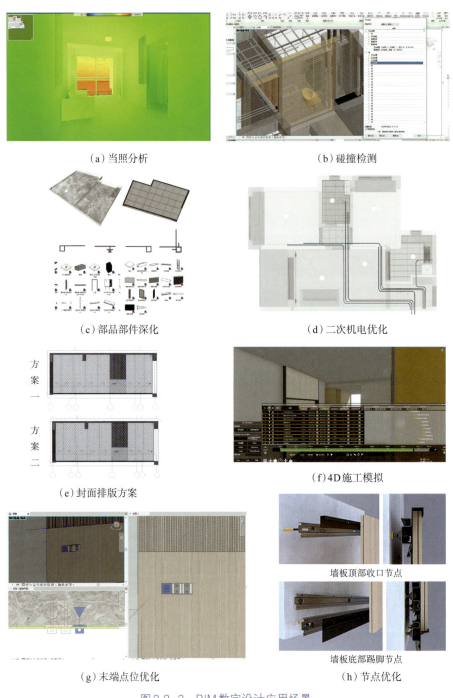

图2.2-3　BIM数字设计应用场景

现渗漏隐患。

（2）通过企业自主研发华壹精装BIM一体化平台进行模型的全过程管理，连通设计与成本，形成项目级BIM构件库，打造基于构件标准的一体化数字管理，并通过平台进行设计算量，实现成本统计分析，包含成本统计分析数据展示（饼图）、定制各个项目的成本价格、自动计算项目成本的百分比，实现基于BIM技术完成工程量计算、生产成本方案及BIM模型图模量价一体化，提高管理效率（图2.2-4）。

图2.2-4　精装BIM一体化平台

（3）装配式一体化装饰墙面板、装配式一体化装饰地面板、装配式卫生间。部品部件相互独立、相互制约、相互联系，根据客户需求，组合成标准单元，提供完整产品，易于装配和交付，也利于后期拆卸和维护（图2.2-5）。

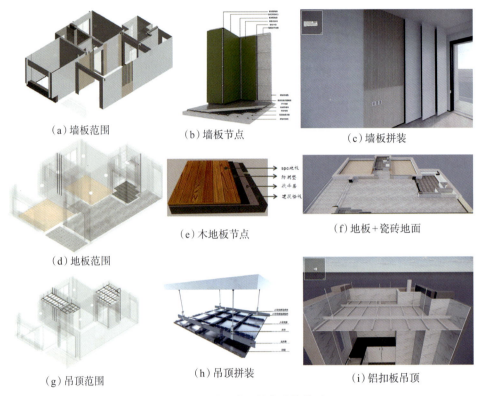

图2.2-5 装配式一体化装饰体系

（4）结合数字家庭，为未来智能家居场景的部品化装修提供示范效应。落实国家绿色低碳环保理念，通过装配式装修部品体系，严控装饰材料的选择，满足使用功能

图2.2-6 数字家庭

及耐久性，兼顾环保等级及隔声防火等需求，有效保证居住人员的健康（图2.2-6）。

（5）采用装配式饰面硅酸钙墙板、装配式地面板（SPC地板）、集成式厨房及GRC整体卫浴，解决了传统装修防渗漏、防开裂、防空鼓三大难题。同时，装配式装修解决传统装修湿作业流水施工现场资源强度大，工艺间歇时间长，依赖工匠手艺，却水平参差不齐，品质、工期控制难度大等多种问题（图2.2-7、图2.2-8）。

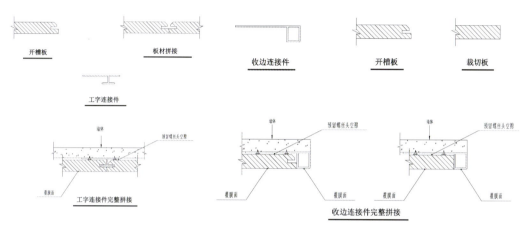

图2.2-7　装配式内装工艺工法

2. 项目荣誉

该项目是首批广东省装配式装修试点；深圳市保障性住房首批采用装配式装修的批量实施及应用项目；深圳市保障性住房首批数字家庭应用项目。

图2.2-8　装配式装修体系

二、装配式装修技术应用情况

（一）材料篇——绿色低碳建材使用

为助力实现国家"双碳"目标，无论是新建建筑装修工程，还是既有建筑装修改造工程，都应满足低碳节能环保新要求。以下是阿波罗项目采用的新材料：

1. 饰面硅酸钙墙板

墙面装配式模块是装配式装修的核心组成部分，表2.2-2是市面上主要使用的集成墙面材料对比：

集成墙面材料对比　　　　　　　　　　　　　　　　　　　表2.2-2

类别	饰面硅酸钙集成墙面	竹木纤维集成墙面	铝合金集成墙面	实木集成墙面	生态石材集成墙面
成分和制作	水泥、石粉及纤维	以竹粉、木粉、钙粉、PVC等挤压制造	以铝合金为基材，与聚氨酯隔声发泡材料，防潮防蛀铝箔层压制而成	采用天然原木进行切割和表面抛光等处理制成板材	采用天然大理石粉加入食品级树脂材料加工形成
优点	耐火等级A级、强度高、耐腐防潮、无机环保，超强耐久	可定制造型，中空结构，防水、防火、隔声、0甲醛	铝合金集成墙面中的聚氨酯隔声发泡层不仅绝热效果好，还具有隔声、耐寒耐热、电绝缘、质量轻等优点	握钉力强，呈现高品质感；吸声降噪效果好。另外实木是属于不良导体，冬暖夏凉，同时具有耐磨、抗冲击等特点	平整度高，硬度高，柔韧性佳；拥有天然石材的色泽与纹理，密度低于天然石材，减少房屋结构负载
缺点	密度高、运输成本高、无法做曲面造型，加工不便	PVC为主要成分。市场存在回收料加工以次充好	金属表面刮擦或者磕碰修复困难；会影响Wi-Fi信号和手机信号	防潮、防虫、防火性能较差；价格昂贵，对墙体平整要求高，墙体要做防潮处理，增加施工周期	天然大理石粉具有放射性
材料价格	110～140元/m²	60～90元/m²	220～320元/m²	220～380元/m²	200～260元/m²
主流品牌	宜居、和能、三乐、菲力等	宜居、欣硕美、法狮龙等	典尚、吉祥、美赫、友邦等	志邦、艾格、奥华等	利升、环球、鹏翔、荣冠等

阿波罗项目经综合比较，选用饰面硅酸钙板原因如下：首先，针对高层住宅，耐火等级A级至关重要；其次，耐久稳固性强且无机环保，利于降低出租型保障性住房全生命周期运维费用；最后，是可回收利用，安装墙板所配套的铝型材结构件、轻钢龙骨等完全可以回收再炼化做成新的产品使用。

2. SPC 石塑地板

SPC 石塑地板是新型环保型地板，基材为石粉与树脂混合加工而成，面层防滑耐磨，纹路逼真、美观，高弹性抗冲击，防水防潮，无需保养维护，可再生回收利用，安装简便，使用寿命长达20年，尤其适合出租型保障性住房（表2.2-3）。

SPC 石塑地板与复合木地板对比　　　　　　　表2.2-3

项目	SPC 石塑地板	复合木地板
优点	1. 防潮、防水、防滑、防虫、防火，使用寿命长达20年； 2. 环保性：是绿色环保的材料，甲醛等有害成分几乎为零； 3. 轻薄，安装方便，可随意剪裁	1. 耐磨：约为普通漆饰实木地板的3倍以上； 2. 稳定：打散了原来木材的组织，破坏了各向异性及湿胀干缩的特性，尺寸极稳定
缺点	脚感不及复合木地板	水泡损坏后不可修复
价格	60~80元/m²	60~90元/m²

3. GRC 整体卫浴底盘

GRC 整体卫浴底盘是以耐碱玻璃纤维作增强，通过多道生产工艺制成的轻质、高强高韧、多功能的新型无机复合材料。它的引入可减少阿波罗项目卫生间的湿作业工序，不必再进行沉箱回填、保护层、找平层和二次防水等，有效缩短施工周期，降低卫生间渗漏风险和后期使用维护成本。表2.2-4是目前不同类型底盘的优缺点对比：

不同类型卫浴底盘对比　　　　　　　表2.2-4

类型	第一代	第二代		
	FRP	SMC	彩钢	GRC
壁板材质	纤维增强复合材料	SMC玻璃钢最早应用于航空领域，是一种不饱和聚酯树脂，表面覆膜	镀锌钢板外覆VCM膜	铝型材边梁，玻璃纤维增强水泥，表面覆盖瓷砖/石材
成型工艺	木模，造型根据需求变化	千吨大型压机一次性模压成型	挤压机在高温高压环境下将面板与镀锌底板压合	木模，造型根据需求变化
质量	质量不稳定，抗老化性能差，使用寿命短	重量轻，强度大，不易开裂变形。抑霉抑菌，耐用性强	硬度高，耐酸碱，易清洁，保温隔声减震	耐用，强度大，面材可以自由选择瓷砖铺贴，实现装饰个性
质感	成品材质不够细腻，无法满足高端客户要求	外观有塑料感，敲触有空洞感	彩钢板可以模拟瓷砖、木纹等花纹	瓷砖质感稳重，光泽度好，符合中国人消费偏好
价格	适中（800元/m²）	量少不开模，需达上千套（600元/m²）	较高（1500元/m²），量少不接单	适中（800元/m²）

GRC 底盘可以复合瓷砖，满足多元化的装饰需求，综合性能可靠，而且踩踏空感是目前几种底盘中最小的，成为其被选择的最显著优势。

4. 天花 GRG 包管

天花 GRG 包管装配式体系施工，可塑性强、强度高、质量轻，减轻主体建筑重量及构件荷载；GRG 产品热膨胀系数低，不变形、不开裂，防火性能高（A级防火材料），具有良好的声波反射性能，达到隔声、吸声的作用。

（二）环保篇——节能减排改善室内空气质量

1. 节能减排

装配式装修采用标准化设计、工厂化生产、装配化施工，以及信息化协同模式，可有效改善传统高能耗建筑装饰模式，施工现场以拼接积木的方式装配安装，避免二次加工，降低了材料损耗，大幅减少了装修垃圾以及噪声污染。装配式装修对节约资源能源、减少施工污染，提升劳动生产效率、质量和安全水平起到促进作用，有助于建筑业与信息化工业化深度融合，培育新产业。装配式装修与传统装修对比如下（表2.2-5）：

装配式装修与传统装修对比　　　　　表2.2-5

指标	传统装修	装配式装修
设计环节	尺寸多变，非标准化逻辑	一体化、标准化、模块化、工业化
建造环节	现场为核心，现场加工组装	工厂为核心，集成制造，现场组装
运维环节	需要砸、凿，影响主体结构	标准化部品备件，全生命周期运维
品质控制	手工依赖，品质粗糙，产生污染	高精度，绿色环保，即装即住
预算控制	费用变动较大，预算不可控因素多	预算可控性较高
成本运营	细分项目繁多，开发周期长，易增加额外的管理、销售和财务费用	大幅降低人工成本，加快开发周期，节约资金和时间成本，节省建设管理费用和财务成本，降低项目生产成本
原材料	材料种类繁多，选购劳神费力，现场加工制作浪费资源，材料难以回收再利用	部品集成生产，施工生产误差小，模数协调，节约原材。原材料环保，性能优良，可以回收再利用，装修安全、耐久

2. 改善室内空气质量

阿波罗项目采用的装配式新型材料以无机的金属、水泥和有机无醛高分子材料为基层，从源头上避免了甲醛、TVOC 及放射性物质等有毒有害物质的挥发。装配式装修与传统装修方式的建材环保性能对比如下（表2.2-6）：

装配式装修与传统装修方式的建材环保性能对比　　　表2.2-6

对比项目	传统装修	装配式装修
顶棚/吊顶用材	木龙骨、基层腻子及乳胶漆饰面，含有甲醛、TVOC等污染物	轻钢龙骨、铝板吊顶板、竹纤板吊顶板、硅酸钙吊顶板、木塑吊顶板、软膜吊顶等无污染物材料
墙面用材	墙砖含有氡，基层腻子、墙纸基膜、胶水、墙纸及乳胶漆饰面含有甲醛、TVOC等有害物，油漆、合成纤维含有苯等污染物	饰面硅酸钙墙板、企口铝板饰面板、竹纤板饰面板、纤维水泥墙板等无污染物材料
地面用材	地板含有甲醛，石材、地砖含有氡，地毯纺布含有苯等污染物	钢支架硅酸钙架空地面，并使用无醛耐磨石塑板等无污染物材料
门套、套装门、窗套、窗台	门套、窗套及套装门木制品含有甲醛，油漆含有苯，窗台板石材含有氡等污染物	木塑基材、钢制金属基材等无污染物材料
甲醛释放量	≤0.1mg/m³	≤0.03mg/m³
总挥发性有机化合物释放量	≤0.6mg/m³	≤0.3mg/m³

数据来源：《传统全装修与新型装配式装修优劣比较解析》

装配式装修的环保优势，源自其从根源上对于环保的控制，大量采用无机、金属材料替代了含甲醛、苯、TVOC等有机有挥发性的污染物材料。

（三）技术与工艺篇

1. 地面装配式模块——石塑地板施工技术工艺

地面装配式模块采用石塑地板施工技术工艺，如图2.2-9所示。

图2.2-9　石塑地板+自流平工艺

2. 墙面装配式模块——饰面硅酸钙墙板技术工艺

墙面装配式模块采用饰面硅酸钙墙板技术工艺,如图2.2-10所示。

图2.2-10　饰面硅酸钙墙板技术工艺

装配式装修与传统装修墙面工艺对比如下(表2.2-7):

装配式装修与传统装修墙面工艺对比　　　　表2.2-7

优势对比		传统装修	装配式装修
系统		乳胶漆/墙纸/墙布/木饰面	装配式墙面板
材料构成		腻子+胶粘剂+乳胶漆/壁纸/墙布或基层+木饰面	装配式基板+饰面膜/布艺/皮革部分材料可回收
施工工艺		工序繁杂,受气温影响较大;建筑垃圾较多	卡扣式拼装、工期短,干法施工,环保,建筑垃圾少
理化性能	防水防潮	乳胶漆/壁纸墙面受潮易霉变、鼓泡、开裂、脱胶	吸水厚度变化率≤0.5%,耐冷热循环,防潮防霉
	尺寸稳定性	乳胶漆/贴墙布/壁纸墙面尺寸稳定性优,传统木饰面受潮或受冷热循环后易变形	尺寸稳定性优,≤1.5%,加热尺寸变化率±1%
空间尺寸		总厚度:20~30mm(20~25mm水泥砂浆,5mm腻子,5mm乳胶漆),走线需砸墙预埋	需布线厚度:30mm(20mm架空基层+10mm饰面板);无需布线厚度:10mm(10mm饰面板),架空基层可走线,无需砸墙

3. 顶面装配式模块——天花GRG包管技术工艺

GRG包管采用预制工厂化生产,现场成品安装,极大地提高了施工效率,同时减少现场废料的产生,只需处理接缝,大幅减少油工湿作业(图2.2-11)。

图2.2-11 天花GRG包管技术工艺

4. 厨卫装配式模块——铝扣板集成吊顶、GRC 整体卫浴底盘施工技术工艺

相比传统吊顶,铝扣板集成吊顶具有易于拆卸和组装、清洗方便、可随意增减功能电器的特点,同时整体美观度亦超过了传统吊顶。集成吊顶与传统吊顶工艺对比如下(表2.2-8):

集成吊顶与传统吊顶工艺对比 表2.2-8

产品性能	传统吊顶			集成吊顶
	石膏板	PVC板	金属板	金属板材
美观性	整体效果好;可塑性强,高端产品层次感强	整体效果差;基板花纹单调	整体效果差;基板花纹单调	整体效果好;基板模块设计丰富;层次感逊于高端石膏板
安装	电器安装过程复杂,需在用户家中对基板进行处理;电器不方便拆卸、维修、更换,不能随意改变位置			模块化设计,装卸简便;电器易于维修、更换
维护	清洗困难	易沾油,难清洗	易清洗	易清洗,不易变形
耐用性	使用寿命短;易受潮、老化	使用寿命较短;易氧化变形	使用寿命长;防火、防潮	使用寿命长;防火、防潮、防腐
产品价格	价格两极分化,高端产品昂贵	价格较低	价格适中	价格高于普通传统吊顶,但略低于高端石膏板

GRC整体卫浴底盘的工艺流程包括:施工准备、整体卫浴选型及订货、安装工程预埋预留、进场验收、组装、卫浴内部设施安装、外部水电对接、系统调试、竣工清理。相较传统卫浴的水电改造、找平、防水、回填、二次防水、贴地砖墙面、装修吊顶的工序流程,GRC整体卫浴底盘只需在完成一遍防水及保护层后,即可开展部品安装。安装时需对底盘做调平处理,确保其自身排水坡度及集水沟的有效性(图2.2-12)。

防水盆与墙板组装示意

防水盆小样

图2.2-12 整体卫浴底盘的工艺

防渗漏构造：整体式卫浴采用一次模压成型的高强度高密度的GRC底盘，挡水壁板配合防水盆密闭锁水设计，可有效防止渗漏水。墙面基层防水施工后增加PE防潮膜，结合硅酸钙底板及瓷砖反打工艺，密封性强，可阻挡水分渗入，抑菌防霉。

三、综合效益

（一）成本分析

阿波罗项目采用装配式饰面硅酸钙墙板、装配式石塑地板、GRG包管、集成式厨房及卫浴GRC整体底盘，并结合地砖铺贴、顶面乳胶漆的做法，在显著提升装饰档次、品质和减少用工的同时将装修成本控制在1200元/m^2内。

装修材料配置对比如下（表2.2-9）：

阿波罗项目与常规装修项目装修材料配置对比　　表2.2-9

内容	部位	阿波罗项目配置标准	常规装修项目	阿波罗项目每平方米造价	装修每平方米造价
电气	全屋	灯具、开关插座	同等	约1200元	约800元
给水排水	厨卫	洁具、五金、淋浴底盘	同等		
地面	客餐厅	仿石砖石	同等		
	卧室	石塑复合地板	木地板		
	厨卫	瓷砖+整体底盘	瓷砖		
墙面	客餐厅	硅酸钙板覆膜装配式墙板、长城板+铝合金踢脚线	乳胶漆		
	卧室	硅酸钙板覆膜装配式墙板、长城板、人造石窗台+铝合金踢脚线	乳胶漆		
	厨卫	瓷砖、淋浴屏	同等		

续表

内容	部位	阿波罗项目配置标准	常规装修项目	阿波罗项目每平方米造价	装修每平方米造价
天面	客餐厅	轻钢龙骨+硅酸钙板吊顶GRG+乳胶漆	石膏板吊顶+乳胶漆	约1200元	约800元
	卧室	乳胶漆	同等		
	厨卫	铝扣板顶棚	同等		
户门	室内	卧室木门+厨卫玻璃门	同等		
收纳	厨柜	不锈钢柜+人造石台面，木柜+人造石台面	同等		
	浴室柜	不锈钢柜+人造石台面	同等		
	镜柜	铝合金柜+镜面玻璃	同等		

（二）用工用时分析

以阿波罗项目采用最多的01户型（两室一厅，67m^2）为例，对装配式装修的优势做进一步分析。

用工统计对比（表2.2-10）：

阿波罗项目与常规项目装修用工统计对比　　　　表2.2-10

工种	常规项目（工日）	阿波罗项目（工日）
测量放线	2	4
木工	8	4
瓦工	8	7
防水	2	2
石材安装	1	1
木门安装	1	1
地板铺贴	1	1
柜子安装	1	1
不锈钢	0.5	0.5
集成吊顶	0.5	0.5
插座灯具安装	1.5	1.5
保洁	4	3
杂工	7	9
墙面装饰	12	4
美缝	3	1

续表

工种	常规项目（工日）	阿波罗项目（工日）
其他安装维修	2	1
合计	54.5	41.5

阿波罗项目从工厂预先定制墙板等标准化构件，现场以拼接积木式装配安装，一次成活，显著减少了现场的工序，尤其是湿作业不可避免的工艺养护间歇。现场不必二次加工，减少材料损耗，避免了加工粉尘对工人的健康损害和噪声污染对周边居民的干扰。人工用量相比保障性住房的常规装修项目降低24%。

（三）减碳分析

阿波罗项目装配式装修部品部件在工厂进行预制，采用BIM技术贯穿设计与施工管理全过程，减少设计中的"错漏碰缺"，实现精准下料及排版，降低建筑材料损耗率，现场不必二次加工，减少了在施工现场产生的废弃物。基层采用轻钢龙骨、饰面硅酸钙墙板等环保建筑材料，无毒无醛，可降解，可回收利用，提高资源利用率。

以阿波罗项目采用最多的01户型（两室一厅，67m^2）为例，综合对比装配式装修与传统装修在各个阶段的碳排放，生产环节减少约72%，运输环节减少约58%，安装环节减少约76%，维护环节减少约66%，综合减少约70%。

在人们对生活品质和健康的追求不断提高、国家大力推行"碳中和"长期目标和各领域环保政策相继出台的背景下，阿波罗项目装配式装修利用绿色建材，通过标准化、模块化的方式进行生产与安装，可以节约建材并减少有害物质排放，降低装修的能耗。同时，有利于推动施工现场向无焊、无电、无尘化发展，解决传统装修方式施工过程中污染对工人健康的损害。

（四）评价标准引用分析

综合深圳市装配式装修评价标准，阿波罗项目属于居住建筑项目，项目采用装配式装修得分不低于84分，综合得分不低于92分，属于深圳市保障性住房综合得分最高的装配式装修项目之一（表2.2-11）。

装配式装修技术评分表　　　　　表2.2-11

技术项		技术要求		居住建筑技术得分（分）	最低分值（分）	麒龙苑、麟龙苑项目得分（分）
Q_1：设计协同与标准化（10分）	Q_{1a}：建筑、装修一体化设计	建筑施工图设计阶段完成装配式装修施工图，施工图中明确装配式装修主要技术体系		4	2	4
	Q_{1b}：标准化设计	标准化部件应用		2～6		6
Q_2：工厂生产与装配安装（居住建筑60分/非居住建筑75分）	Q_{2a}：装配式内隔墙与墙面	Q_{2a1}	50%≤装配式内隔墙比例≤80%	6～10*	20	10
		Q_{2a2}	50%≤装配式墙面比例≤80%	10～20*		20
	Q_{2b}：装配式吊顶	20%≤装配式吊顶比例≤50%		6～10*		6
		50%≤装配式吊顶比例≤80%		—		—
	Q_{2c}：装配式楼地面	50%≤装配式楼地面比例≤80%		6～10*		6
	Q_{2d}：管线分离	50%≤管线分离比例≤70%		8～10*		8
Q_3：集成应用（居住建筑30分/非居住建筑15分）	Q_{3a}：一体化隔墙	20%≤一体化隔墙比例≤60%		4～8*	8	—
	Q_{3b}：集成式卫生间	Q_{3b1}	70%≤集成式卫生间比例≤90%	8～12*		8
		Q_{3b2}	60%≤整体卫生间比例	14		14
	Q_{3c}：集成式厨房	70%≤集成式厨房比例≤90%		8～12*		8
Q_4：加分项（10分）	Q_{4a}	可逆安装技术应用		1～3		—
	Q_{4b}	智能建造设备应用		1～3		1
	Q_{4c}	全屋智能应用		1～3		3
	Q_{4d}	BIM技术应用		1～2		2
	Q_{4e}	部品部件标识应用		1		1
	Q_{4f}	绿色建材产品应用		1		1

注：1　表中带"*"项的分值采用"内插法"计算；
　　2　计算结果四舍五入后取小数点后1位；
　　3　民用建筑中的公共建筑、工业建筑中的研发用房或新型产业用房等按非居住建筑进行技术评分；
　　4　公寓按照居住建筑进行技术评分；
　　5　既有建筑只改造室内装修时，Q_{1a}、Q_{2a1}可认定为缺少的技术项；
　　6　Q_{3b1}和Q_{3b2}不能重复得分；
　　7　计算范围可不含避难层、架空层、车库、楼梯间及楼梯间前室、设备间、电梯井、管井内部区域。

四、项目总结

阿波罗项目利用装配式墙板提升装修档次,对比传统硬包做法用工减少,工期缩短。采用模块化安装,有效节约工期20%。装修与BIM、数字化管理高效融合;实现管线分离。维护方便,运营期可以实现局部快速拆装更换,装配式墙板耐擦洗,解决乳胶漆墙面一般6~8年需要翻新的问题,节约运维费用。绿色环保,节能减排,从根源上克服了传统装修开裂、空鼓、渗漏三大质量难题。

【案例三】

半山臻境项目

建设单位：深圳市赤湾房地产开发有限公司
施工单位：深圳时代装饰股份有限公司
设计单位：深圳市华阳国际工程设计股份有限公司
装配式装修实施单位：深圳时代装饰股份有限公司
装配式装修部品部件生产单位：华科住宅工业（东莞）有限公司、广东睿住住工科技有限公司

一、项目概况

（一）项目简介

半山臻境项目位于深圳市南山区赤湾少帝路与祥湾路交会处，总建筑面积18.327万m^2，共9栋高层塔楼（1栋1～9单元，其中1栋3单元含A/B两座），建筑高度为77.729～84.050m，地上层数为20～27层，地下3层（半地下室2层、地下室1层），整体结构形式为钢筋混凝土剪力墙结构，装配式装修实施面积约5.242万m^2，实施范围包括1栋3单元20层、1栋7单元22层等，项目于2022年3月21日开工，2022年11月30日竣工交付（表2.3-1）。

半山臻境项目概况　　　　　　表2.3-1

开工时间	2022年3月
竣工时间	2022年11月
建筑规模（面积/高度）	18.327万m^2/79.95m
结构类型	剪力墙结构
实施装配式装修面积	约5.242万m^2
采用的装配式装修技术	项目采用装配式装修产品体系，对工厂生产的标准精装部件，在现场采用干式工法施工的装修方式，其中包括装配式顶棚、装配式墙面、薄贴地面、整体卫浴、集成式厨房、一体化收纳等装配式装修工艺
项目特点与亮点	1.全干式工法施工的装配式装修； 2.采用"一系统、三平台"的装配式装修技术管理系统；

续表

项目特点与亮点	3.采用装配式装修项目管理体系，实现项目设计、生产、施工、验收一体化管理模式； 4.采用装配式装修BIM研发管理平台； 5.运用信息化劳动力管理平台，对现场劳务工人进行精准动态管理

（二）项目获奖情况及完成效果

半山臻境项目获选为广东省装配式装修示范项目、深圳市首批装配式装修试点项目，同时被评选为深圳市装配式装修规模最大的高端住宅项目，获得金配奖首届装配式装修创新应用与设计大赛优秀奖。

该工程建筑总平面图、鸟瞰图、标准层平面图、装修设计图、装修现场图如图2.3-1～图2.3-14所示。

图2.3-1 建筑总平面图

图2.3-2 鸟瞰图

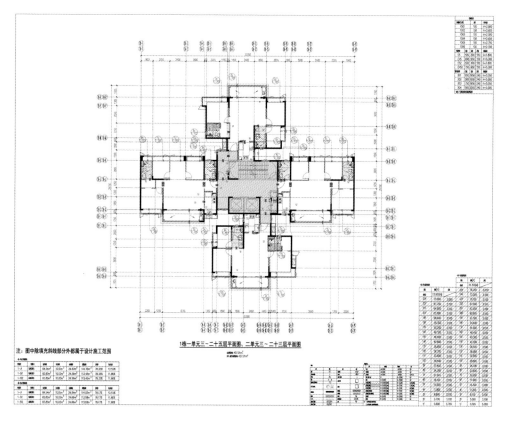

图2.3-3　1栋一单元、二单元标准层平面图

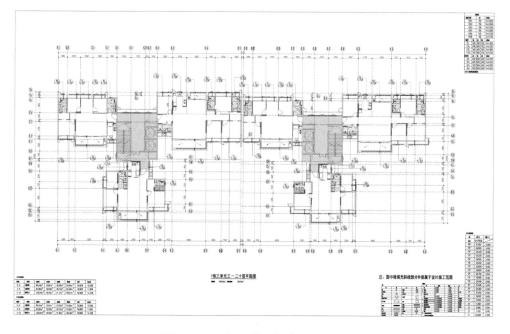

图2.3-4　1栋三单元标准层平面图

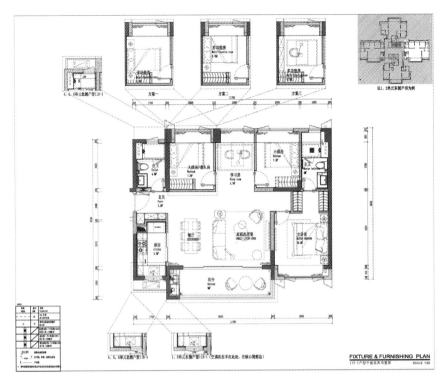

图 2.3-5　装修设计 115-1 户型平面图

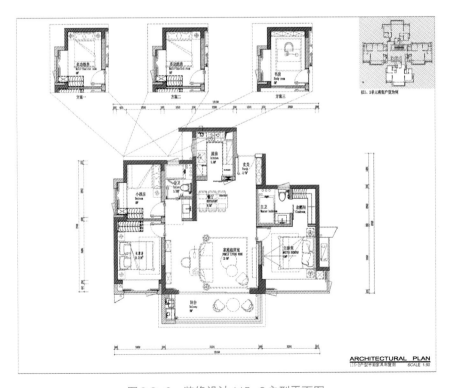

图 2.3-6　装修设计 115-2 户型平面图

第二部分 深圳市装配式装修项目案例

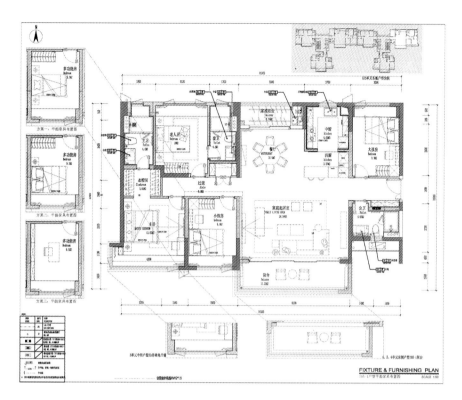

图 2.3-7 装修设计 165-1 户型平面图

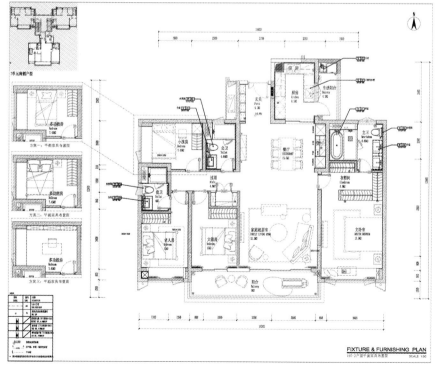

图 2.3-8 装修设计 165-2 户型平面图

图2.3-9 装修客厅现场图

图2.3-10 装修卧室现场图

图2.3-11 装修厨房现场图

图 2.3-12　装修卫生间现场图

图 2.3-13　阳台现场图　　　图 2.3-14　衣帽间现场图

项目设有四种户型，均采用装配式吊顶技术、装配式墙面技术、装配式地面技术、整体卫生间技术、集成式厨房技术等装配式装修体系及相关工艺工法。

二、装配式装修技术应用情况

（一）装配式装修吊顶系统

该项目装配式设计方案吊顶为蜂窝铝板，通过工业化生产的吊顶材料及五金系统，实施装配式吊装工艺。

在吊顶施工时采用专用安装扣件，如图2.3-15所示。

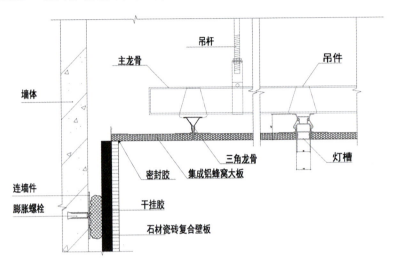

图2.3-15　扣件安装示意图

装配式天花安装技术通过固定吊杆与三角龙骨，形成稳固的吊顶结构，将铝蜂窝板与三角龙骨固定连接，精确安装板材，确保整体吊顶的美观和稳定性，为现场施工带来便利，实现吊顶安装装配式、可拆卸。

（二）装配式装修墙面系统

该项目墙面采用集成化设计、工业化生产的墙面部件，通过干式工法，结合实体墙或轻质隔墙完成墙面装饰。实施工艺流程为：基层处理→弹线→安装调平龙骨、天花暗藏构件→卡扣配件打孔→卡条→扣装饰面板，如图2.3-16所示。

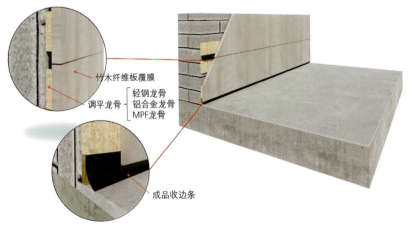

图2.3-16　墙面实施工艺

装配式墙面安装技术基层采用专用调平龙骨与墙面连接，饰面板采用竹木纤维板和成品收边条等部品部件在现场组装而成，工艺简单、安装速度快。使用符合国家标准的环保材料，0甲醛，绿色健康，即装即住，且后期可实现无损拆卸。

（三）装配式装修地面系统

该项目地面材料为瓷砖，采用全干法施工，现场无水泥砂浆湿作业，实施工艺流程为：调整地面高度（高精平地）→涂专用胶粘剂→贴瓷砖，如图2.3-17所示。

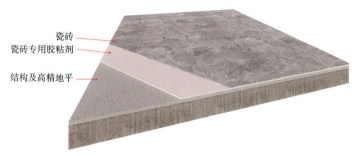

图2.3-17 地面实施工艺

装配式地面安装技术采用5mm瓷砖胶直接粘贴瓷砖的方式，实现全干法施工，工法简单、施工效率快、节省人工，解决了传统地面瓷砖空鼓现象，整体视觉效果高端大气、耐久性好。

（四）整体卫生间系统

整体卫生间由顶板、防水底盘、壁板及支撑龙骨构件组成独立主体框架，实现现场快速组装和使用，实施工艺流程为：清理基层→排污排水管铺设→底盘安装→与同层排水系统连接→安装整体卫浴墙板并调平→安装整体卫浴天花并调平→安装五金配件，如图2.3-18所示。

该项目采用工厂预制生产的一体化成型、底板无踏空感的底盘，大理石瓷砖及复合一体式的墙板和铝蜂窝天花，彻底实现"管线分离"，有效解决防水渗漏的隐患，呈现远超传统手工作业的效率和品质。

（五）集成式厨房系统

集成式厨房是由工厂生产的吊顶、墙面、橱柜和厨房设备及管线等集成设计配装而成的厨房，实施工艺流程为：清理墙面→安装吊柜挂件→安装墙饰面板→安装天花并调平→安装柜体→安装五金配件，如图2.3-19所示。

图 2.3-18　整体卫浴实施工艺

图 2.3-19　集成式厨房实施工艺

集成式厨房采用模块化安装，结合"高强龙骨+卡扣式"工艺，实现"管线分离"，在工地现场进行全干法拼装。墙面采用节能环保的聚氨酯复合瓷砖墙板，具有防潮、防油污、阻燃、承载力好等特性，整体防水墙面、无空鼓；顶棚采用轻质高强的铝蜂窝复合板，具有良好的防火、隔声、隔热、耐腐蚀等效果，整体结构稳定，安装便捷。模块化安装，实现100%全装配，无湿作业，使用寿命长，易维护。

（六）成品收口条

该项目采用定制成品收边收口条，实现顶棚、墙面的精致收口，保证不同部位的完美整合，实施工艺流程为：定位放线→安装第一层石膏板→安装成品收口条→安装第二层石膏板→安装墙饰面板，如图2.3-20所示。

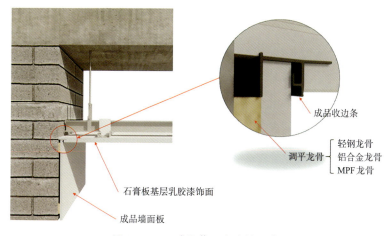

图 2.3-20　成品收口条实施工艺

与传统装修方式比较，项目运用装配式成品收边部品体系，采用定制 Z 字形铝条 + 实心铝条收口，解决了墙面与顶棚不同材料之间的衔接收口、隐藏现场安装缺陷、杜绝开裂的问题，提升整体质感，拆装便捷、方便后期维护保养。

三、综合效益

（一）成本分析

该项目材料费占比42.5%，劳务费占比41.2%，措施费占比16.3%（表2.3-2），材料费和劳务费占比基本持平，材料费占比突出主要是因为大部分材料在工厂生产加工完成到达现场安装，等于把现场劳务费中的一部分转移到了工厂，相当是材料费占比大是因为工厂加工内容增加。从整体费用中占比来看，装配式现场人工成本减少，但是工厂加工费用增加。如图2.3-21所示：

半山臻境项目成本汇总表　　表2.3-2

序号	费用类别	占比
1	材料费	42.5%
2	劳务费	41.2%
3	措施费	16.3%

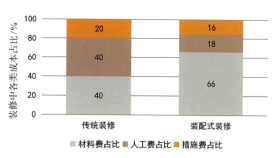

图 2.3-21　成本分析

（二）用工用时分析

根据规模经济理论，基础部品进行大规模工业化生产后，产品单位成本逐渐下降。人工成本随着行业劳动力数量下降而逐年上升，传统装修的综合成本持续上涨；但是由于基础部品的产品成本下降，装配式装修的综合成本也随之下降。

半山臻境项目比传统装修项目节省工日51个（表2.3-3），减少人工约35%（由于本项目有一部分采取了传统装修，有些环节增加了工种的种类及数量）。如图2.3-22所示：

装配式装修工日与传统装修工日对比表　　表2.3-3

部品	传统装修工日	半山臻境项目装配式装修工日
基础部品	107	44
饰面部品	30	42
通用部品	12	12
合计	149	98

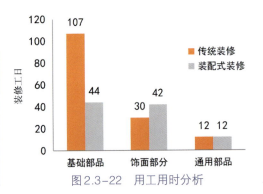

图2.3-22　用工用时分析

可以看出半山臻境项目装配式装修主要提效在于基础部品，而饰面材料以及通用部品的建造效率几乎没有变化。可见加快基础部品研发和推广是提高装修效率的重要抓手之一。

（三）减碳分析

半山臻境项目全面应用装配式装修技术体系和管理体系，通过全屋部品采用工厂预制、现场干法装配，安装便捷，施工速度快，减少传统装修中的湿作业，实现了现场无裁切，无噪声施工，从源头减少建筑垃圾与施工过程中的能耗和碳排放，相比传统100m²房屋装修可减少垃圾排放3～4t，可节省人工约30%，综合工期减少约34%，建筑垃圾减少约50%。同时，根据相关机构方法测算，碳排放量减少约73%。装配式装修在建筑全生命周期内的各个阶段均展现出减碳的潜力和优势，是推动建筑行业实现"双碳"目标的重要途径。

（四）质量效益

该项目采用装配式装修，将大量现场作业转移至工厂进行，通过工厂生产部品部件，现场只需进行装配，大大缩短了施工周期。同时工厂化生产可以更好地控制部品部件的质量，实现高水平质量管理，减少现场施工误差，提高建筑整体质量。通过批量生产和标准化施工，可以降低材料和人工成本，减少材料浪费，且便于快速组装和拆除。可见装配式装修有助于实现建筑的全生命周期管理，在提高施工效率、保证施工质量、节能环保，以及提升安全性等方面具有显著的质量效益。

（五）经济效益

从半山臻境项目来看，目前装配式装修的综合成本已和传统装修成本十分接近；预计未来3～5年内，随着基础部品成本不断下降，装配式装修的成本将逐渐低于传统装修成本，装配式装修的市场接受度必然会得到相应提升。装配式装修正是通过对通用化的、标准化的基础部品进行工业化规模生产，对原装修的基础构造材料进行集成创新研发，以此大幅降低装修中的人工费用占比，减少对手艺工人的依靠，降低人口红利消失对装修行业的影响。在基础构造中，传统装修的人工成本和材料成本比例相同，但是采用装配式装修后，材料费比例已经远远超过人工成本，可以看出装配式装修对人工的依赖度明显下降。

四、项目总结

半山臻境项目采用装配式装修工艺，应用BIM技术信息化协同，结合装配式装修管理体系。现场采用干式工法施工，简化工序，综合工期减少34%，节省人工30%，并且使用绿色环保材料，建筑垃圾减少50%，碳排放量减少73%。装配式装修部品部件设计遵循相应的尺寸模数关系，产品高度集成、通用化，部品工厂制造环节融入信息化手段，通过工业化与信息化融合，实现部品生产流程可查询、质量可追溯，利于装修完成后的检修及后期维护，部品数据及时录入数据库，对于提升室内装修管理，建设智慧型社区具有积极的促进作用。

半山臻境项目成功实施了深圳市装配式装修规模最大的高端住宅项目，成为广东省装配式装修示范项目、深圳首批装配式装修试点项目，有助于推动建筑行业转型升级、提高工程质量与效率，为后续装配式装修推广提供了实践参考。

公共 Public Building 建筑

【案例四】

农商培训学院项目

建设单位：深圳农村商业银行股份有限公司

施工单位：深圳广田集团股份有限公司

设计单位：深圳市广田建筑装饰设计研究院

装配式装修实施单位：深圳广田集团股份有限公司

装配式装修部品部件生产单位：中山市莎丽卫浴设备有限公司、浙江中财管道科技股份有限公司

一、项目概况

农商培训学院项目，位于深圳市龙岗石芽岭片区龙岗大道布澜路，总建筑面积约1.4万m^2，地上建筑面积1万m^2，共21层，含3层裙楼、1层架空层、17层公寓房，地下两层停车场（图2.4-1）。本项目含全部设计、采购、施工，属于交钥匙工程，专业范围包括但不限于精装修工程、原有建筑（非承重结构）拆除及外运、幕墙改造工程、门窗栏杆工程、标识工程、通风与空调工程、建筑给水排水工程、建筑电气工程等（表2.4-1）。

图2.4-1　农商培训学院装修工程项目实景图

农商培训学院项目概况　　　　　　　　　表2.4-1

开工时间	2021年1月1日
竣工时间	2021年5月31日
建筑规模（面积/高度）	1.4万 m^2/71.15m
结构类型	框架剪力墙
实施装配式装修面积	1.2万 m^2
采用的装配式装修技术	成套技术应用、整体卫生间、一体化设计、BIM技术应用及管理、标准化部品部件应用、无损拆除与可逆安装、穿插流水施工、装配式隔墙、管线分离
项目特点与亮点	广东省住房和城乡建设厅装配式装修试点项目，深圳市首批装配式装修试点项目。本项目以装配式装修技术为核心，结合多功能空间设计、EPC模式、智能化与节能环保等措施，助力推动建筑装修行业向智能化、高效化和环保可持续发展的方向迈进

该项目于2021年被评选为深圳市首批装配式装修试点项目、2023年获评深圳市首届装配式装修创新应用设计大赛优秀奖，2023年获批广东省住房和城乡建设厅装配式装修试点项目（图2.4-2～图2.4-5）。

图2.4-2　2023年广东省住房和城乡建设厅装配式装修试点项目

图2.4-3　2021年深圳市首批装配式装修试点项目

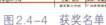

图2.4-4 获奖名单

图2.4-5 广东省首届装配式装修创新应用设计大赛优秀奖

该项目实景图、一层大堂平面图、标准层平面图、装修效果图、装修现场图如图2.4-6～图2.4-18所示。

图2.4-6 农商培训学院项目实景图

图2.4-7 农商培训学院项目实景（夜景）图

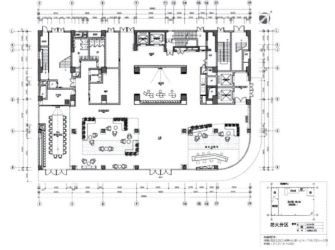

图2.4-8 农商培训学院项目一层大堂平面图

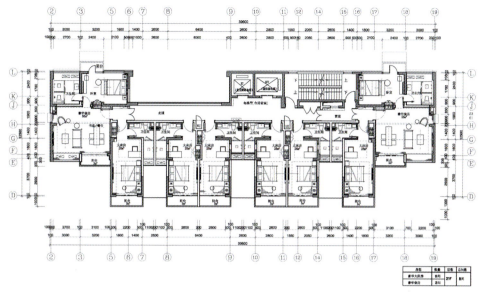

图2.4-9　农商培训学院项目6~21标准层平面图

图2.4-10　农商培训学院项目豪华客房卫生间装修效果图

图2.4-11　农商培训学院项目豪华套房装修效果图

图2.4-12　农商培训学院项目1层大堂装修现场图

图2.4-13　农商培训学院项目餐厅装修现场图

图 2.4-14　农商培训学院项目标准房装修现场图

图 2.4-15　农商培训学院项目行政客房装修现场图

图 2.4-16　农商培训学院项目教室装修现场图

图 2.4-17　农商培训学院项目卫生间装修现场图

图 2.4-18　农商培训学院项目卫生间装修现场图

二、装配式装修技术应用情况

农商培训学院装修工程综合应用绿色节能和智能化设计理念,建立包括装配式吊顶体系、装配式地面体系、装配式墙面体系、装配式管线分离体系、整体卫生间体系,融入"BIM数字建造"形成综合集成装配式装修体系。项目采用EPC设计+施工模式,基于工业化产品的装配式装修,相比依赖现场工人手艺的传统施工,可真正实现标准化施工,品质和效果更优、更稳定;通过全部采用干法施工,现场更加整洁。

(一)装配式装修技术体系

项目应用全屋装配式装修体系,包括装配式吊顶体系、装配式隔墙体系、装配式墙面体系、装配式地面体系、整体卫生间体系、管线分离体系等(图2.4-19)。

图2.4-19 成套技术体系应用

1. 装配式吊顶体系

采用装配式高强石膏(GRG)吊顶施工(图2.4-20),按照图纸在工厂定制加工吊顶成品模块,避免了现场做石膏板基层及腻子、涂料涂刷等工作,减少了现场湿作业。采用自主研发的连接扣件进行阴阳角收边,从细部构造体现施工质量精益提升。

2. 装配式隔墙体系

采用条板隔墙体系,按照要求将条板隔墙在工厂进行提前定制成规格化成品模块,提前预留相关洞口尺寸,运至施工现场后进行安装,无需另行现场砌筑墙体,可实现即装即用、防震、坚固耐用,检修便捷(图2.4-21)。

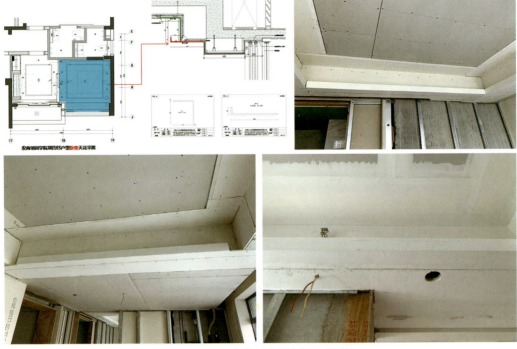

图2.4-20 高强石膏板（GRG吊顶）

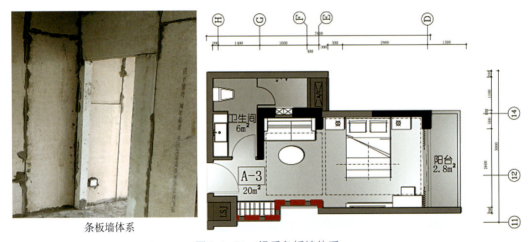

图2.4-21 轻质条板墙体系

3. 装配式墙面体系

（1）装配式墙面体系采用竹木纤维板体系，将设计前置，在工厂将基层板材与装饰面层提前加工成单元式成品模块，运至施工现场后采用干法施工方式进行连接，速度快、质量高。此种材料具有环保、耐用、美观、易安装、防水防潮、防火阻燃，以及柔韧性和风格多样性等优点，在室内装修和建筑领域中具有广泛的应用前景（图2.4-22）。

（2）获得知识产权。

专利名称：一种适用于批量精装装配式墙面系统；发明专利号：ZL 202220131770.X。

图2.4-22　农商培训学院装修工程项目装配式墙面现场实景图

4. 装配式地面体系

现场采用水泥砂浆找平+自流平施工后，直接铺装锁扣地板的安装方式。此种工艺拼接方式简单，安装方便，省时省力，材料环保，耐磨抗刮痕，易清洁。若现场装饰基层满足免抹灰（4mm/2m）要求，即可直接进行锁扣地板铺贴安装（图2.4-23）。

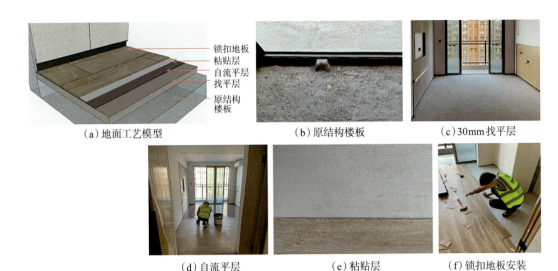

图2.4-23 锁扣地板安装工艺

5. 整体卫生间体系

（1）本项目采用了瓷砖体系的整体卫生间，在装配式工艺升级的同时，保留了传统瓷砖卫生间的观感和质感。底盘、墙板及顶棚全部在工厂加工，部品部件运输到现场后由工人快速拼装，卫生间地面由两个底盘拼接而成，干区湿区拼接处采用翻边设计，暗藏于挡水条之下，保证了卫生间整体饰面的和谐美观（图2.4-24）。

图2.4-24 整体卫生间安装过程及节点展示

（2）获得知识产权。

专利名称：一种适用于整体卫浴底盘调平机构；发明专利号：ZL 202123447677.4。

专利名称：一种适用于整体卫浴壁板防水构造；发明专利号：ZL 202123451699.8。

专利名称：一种适用于整体卫浴隔音保温装置；发明专利号：ZL 202123447666.6。

6. 装配式收纳体系

公寓部分根据业主功能需求灵活设计了与墙面融合的90°折叠床，单人休息及娱乐休闲时床体可收入墙体,成为沙发使用空间。休息时床体落下可以满足双人使用需求,为培训员工提供更加灵活舒适的休息空间。通过定制色系的统一应用,实现折叠床色彩和墙体装配化材料的和谐统一,增加了房间空间利用率的同时,节约了业主成本(图2.4-25)。

图2.4-25 智能收纳体系

7. 装配式收口体系

(1)关键核心技术不断进行技术升级,确保装配式技术随时保持行业领先,逐步优化工艺工法,提高施工效率。本项目采用的装配式收口体系主要包括墙板与墙板之间的收口(具体包括墙板与墙板之间、顶棚与墙面之间、墙板与地面之间的收口形式),在进行快速收口的同时还能保证美观性与适用性(图2.4-26、图2.4-27)。

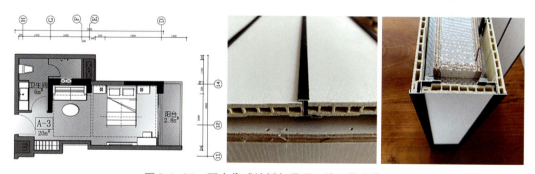

图2.4-26 配合集成墙板与吊顶、地面收边收口

(2)获得知识产权。

专利名称:一种适用集成墙板一体化阳角线条;发明专利号:ZL 202123442426.7。

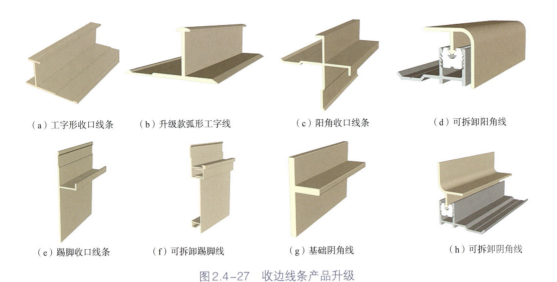

(a) 工字形收口线条　　(b) 升级款弧形工字线　　(c) 阳角收口线条　　(d) 可拆卸阳角线

(e) 踢脚收口线条　　(f) 可拆卸踢脚线　　(g) 基础阴角线　　(h) 可拆卸阴角线

图2.4-27　收边线条产品升级

8. 管线分离体系

管线与主体结构分离，减少了现场墙地面开槽等工序，避免了对主体结构的破坏。这种分离方式不仅保护了建筑结构的完整性，还减少了装修施工对建筑安全性的影响，一定程度延长了建筑的使用寿命（图2.4-28）。

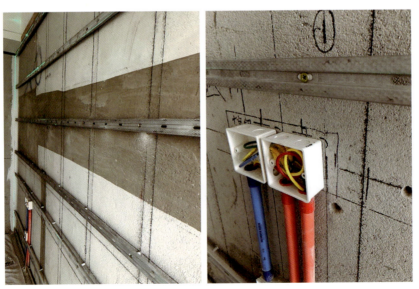

图2.4-28　管线分离技术

9. BIM 技术应用

该项目借助BIM技术进行设计方案处理，从三维扫描、碰撞检测、机电管线综合优化等程序，实现BIM建模，一键输出材料下单等，指导现场施工及现场安装工作（图2.4-29～图2.4-32）。

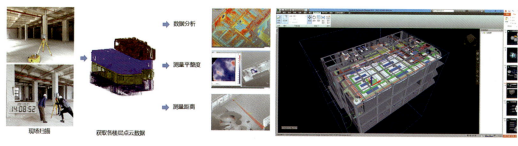

图2.4-29 三维激光扫描技术　　　图2.4-30 碰撞检测

图2.4-31 机电管线综合优化　　　图2.4-32 BIM云平台

（二）集成体系应用

农商培训学院项目分别将已有研究基础的BIM数字建造技术进行装配式装修适用性研发，与装配式装修技术体系融合形成集成应用体系，实现绿色环保、降本节材、智能适配的集成应用优势。

利用BIM数字建造技术建立装配式族库和材料特性库，通过Revit的二次开发，形成装配化项目量单和切割损耗的自动计算，实现快速提量下单，控制损耗。BIM技术的良好运用，能够达到快速建模、快速提量、损耗可控、成本可控等目的。

（三）集中加工，现场装配

在项目施工现场搭建模数化板材加工区、装配式模块组装区、标准化管道加工区、标准化钢材加工区；通过前期对面层及基层材料标准化设计，深化设计二次排版，形成批量标准化部品部件进行后场集中加工，保证质量的同时提升工效，减少现场各专业穿插作业施工（图2.4-33～图2.4-36）。

（四）施工关键技术

通过制定"四定四变"、定量变量分析图、六项先行标准，区分项目周期，分析项目定变关系，促使各部门协同作业，实现项目完美落地。

图2.4-33 模数化板材加工区：
主要规格板加工含基层面层材料切割

图2.4-34 装配式模块组装区：
窗帘盒，洗手台钢架，背景墙钢架模块，电视框

图2.4-35 标准化管道加工区：
风管，消防管道，线管切割，包含加固件

图2.4-36 标准化钢材加工区：
扁通，龙骨，角钢，丝杠，线条切割

1."四定四变"

"四定"，即定标准、定湿区、定造型、定工厂加工；"四变"，即变非标、变干区、变平面、变现场加工工艺（表2.4-2）。

"四定四变"含义 表2.4-2

序号	事项	具体事宜
1	定标准，变非标	项目中标准的空间和构件，重复出现率较高可批量生产，宜设置为定量，如：竹木纤维板规格板、折叠床、门槛石、木饰面、门。现场尺寸有变化可设置为变量，如：小于600mm的规格板安装、不锈钢，铝合金线条长度等
2	定湿区，变干区	湿区空间中的设备和材料多为定尺加工，对关系较干区而言更为复杂，直接设置为定量，如淋浴间、马桶间等；干区空间中的构造和材料独立性较强，其涉及的规律性要求相对较简单，可设置为变量，如：客房及客房走道区

续表

序号	事项	具体事宜
3	定造型，变平面	空间中的特定造型，尺寸要求较高，可批量复制的，直接设置成定量，如：床头背造型、电视背景造型、镜柜造型等，空间中的平板饰面，尺寸要求较低，可灵活调整的，可设置为变量，如：造型之间的平板等
4	定工厂加工，变现场加工工艺	加工工艺较为烦琐的，放在工厂加工设置为定量，如石材、木饰面、卫生间不锈钢镜框等；在现场采用干式工法施工工艺作为变量，如基层板、管道、装配式线条等安装，由装配式工艺代替传统湿作业

2. 定量变量分析图

将图纸与现场进行实际比对，分析具体的定量与变量，方便确定最优下单尺寸（图2.4-37）。

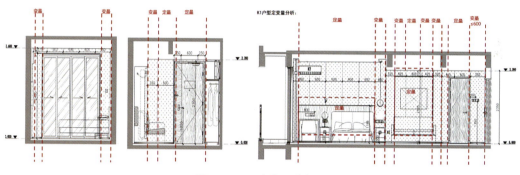

图2.4-37　定变量分析图

3. 六项先行标准

施工现场确保项目现场高效有序进行，以六项先行为标准，制定和执行项目上的制度准则，保证项目现场的高效有序进行，提高施工效率和工程质量（表2.4-3）。

六项先行标准　　　　　表2.4-3

序号	事项	具体事宜
1	放线先行	一米线，完成面线，标高线
2	湿区先行	预埋，找平，防水，贴砖
3	收边收口先行	门槛石收边，定制尺寸先行
4	定量造型先行	电视背景，床头背景
5	顶棚及墙面机电末端点位先行	机电，消防，卫生间点位
6	工艺样板先行	特殊造型，特殊材料，工序样板，完整样板

项目现场先行示意图如图2.4-38～图2.4-43所示。

一米线　　标高线　　　　点位定位　　找平

完成面线　　　　聚氨酯防水　JS防水　贴砖

图2.4-38　放线先行示意图　　　　图2.4-39　湿区先行示意图

电视背景　　床头背景

门槛石　　阳角，阴角，踢脚　　衣柜位置　　折叠床位置

图2.4-40　收边收口先行示意图　　图2.4-41　定量造型先行示意图

消防末端点位　烟感及筒灯线末端　电箱位置　开关插座位置

图2.4-42　天花及墙面机电末端点位先行示意图

卫生间墙面　卫生间地面　客房地面　客房顶棚　客房墙面

图2.4-43　工艺样板先行示意图

三、综合效益

(一)成本分析

1. 专项成本分析

(1)以墙面材料成本对比分析(表2.4-4):本项目采用墙面集成墙板,相对于传统硬包做法,综合成本降低35%~37%。

集成墙板与传统硬包做法成本对比   表2.4-4

类别	传统做法		装配式装修做法	
饰面材料	硬包		集成墙板	
成本组成	人工	材料	人工	材料
	基层+面层	龙骨+夹板+密度板+硬包面层+其他辅材	基层+面层	龙骨+玻镁板+集成板+线条
总计	350~400元/m²		220~260元/m²	

(2)本项目采取BIM应用优化排版下单方式,以墙板(竹木纤维板)为例进行成本分析,优化竹木纤维板最优排版及下单方式,损耗率降低20%~25%。

(3)以该项目卫生间为例进行成本分析(表2.4-5):本项目采用整体卫生间的瓷砖体系,相对于传统卫生间来说,成本增加10%左右。

传统卫生间与整体卫生间成本对比   表2.4-5

类别	传统卫生间做法	整体卫生间做法
天花	铝扣板/乳胶漆	铝扣板等装配式吊顶
墙面	瓷砖	瓷砖体系装配式墙面
地面	瓷砖	整体底盘(瓷砖体系)
综合成本	1600~1800元/m²	1800~2000元/m²

2. 综合成本分析

(1)装配式折叠沙发床体系,根据业主需求采用与墙面融合的90度折叠床,既解决空间利用率,又能满足双人使用。对标传统项目的双床房,本体系极大节约空间利用率。

(2)应用全屋装配式体系,本项目天、地、墙、整体卫生间等采用自主研发"装配化体系"全套技术,可将工期缩短至传统装修项目的一半左右。

(3)装配式隔墙体系,本项目采用条板隔墙体系相对于传统的砌筑墙体,单项工艺工期节省50%左右。

综上，装配式建造代替传统装修施工方式具有缩短施工周期、提高施工质量、减少浪费和提高灵活性等优势。此外，装配式装修还能提高建筑的安全性、耐久性和可靠性，满足不同客户的个性化需求，并为建筑节能减排和环保作出贡献。

（二）用工用时分析

以该项目的K1户型的一个房间为例，对墙面材料的施工做用工用时分析（表2.4-6）。

墙面材料施工用工用时对比（以K1户型为例）　　表2.4-6

名称	工序	施工周期（以K1户型为例）	总用工用时
硬包	基层+饰面	2人×8日	16工日
集成墙板	基层+饰面	2人×4日	8工日

本项目墙面采用装配式竹木纤维板墙面体系，相对于传统的硬包而言，总用工成本节约50%。

以本项目K1户型的一个房间为例，进行用工用时分析（表2.4-7）。

装配式装修与传统酒店项目客房装修用工用时对比　　表2.4-7

部位	传统酒店项目做法	本项目做法	传统酒店项目总用工用时/工日	本项目总用工用时/工日
隔墙	砌块墙+抹灰	条板墙/轻钢龙骨墙	15	10
顶棚	石膏板吊顶+涂料	装配式吊顶（装配式高强石膏板）	10	8
墙面	软、硬包	装配式墙板（竹木纤维板体系）	12	7
地面	地毯、木地板	干法地面（锁扣地板干铺体系）	6	5
卫生间	铝扣板或涂料+墙地面瓷砖	整体卫生间或集成卫生间	12	4
合计	—	—	55	34

本项目采用条板墙+轻钢龙骨隔墙组合的形式代替传统的砌筑墙施工，墙面为竹木纤维板体系、吊顶为成品高强石膏板（GRG）吊顶施工，地面为锁扣地板干铺，卫生间采用整体卫生间，减少现场回填及瓷砖湿贴等湿作业过程。装配式装修相较于同等级的酒店客房传统装修来说，总用工用时节省38.18%。

（三）节能减碳分析

在传统装修中，施工湿作业极其依赖水泥建材，但是水泥生产作为耗能大户，在我国建筑总能耗占比中高达40%以上，碳排放量也是极高的。而装配式装修则摒弃了湿作业，采用全过程干法施工，对比传统装修施工高耗水、高耗电的缺点，装配式装修在实际施工中已展现出其超强的节能降耗能力，其节水量可达50%，节电量也超过60%，可大幅度降低城市建设对能源供应的压力。

本项目采用的装配式装修部品部件都经工厂提前加工，再运至项目现场进行组装，建筑垃圾和空气扬尘污染均可降至传统装修的30%以下，碳排放量较传统装修也能减少70%以上，通过减少现场加工也降低了噪声污染，对周边环境影响极小；同时装配式技术中环保材料的应用以及干法施工的工艺方式，可从源头将甲醛、苯、TVOC等装饰材料的有毒有害成分降至最低，极大地降低空气污染治理及社会环境治理的成本。

四、项目总结

相比传统施工方法，农商培训学院项目装配式装修能够更好地满足供给需求，可将工期缩短至原来的一半。由于装配式装修所需的材料主要是工业化产品，相较于传统的现场施工依赖工人手艺，可以实现真正的标准化施工，保证施工品质和效果更优、更稳定。采用折叠沙发床体系，既提高空间利用率，又能满足双人使用。采用BIM技术应用，能使材料损耗率降低20%～25%。此外，全部采用干法施工的装配式装修方法还能使现场更加整洁，进一步提升了项目的整体形象和质量。

【案例五】

深圳技术大学项目

建设单位：深圳市建筑工务署教育工程管理中心
施工单位：上海建工集团股份有限公司
设计单位：深圳大学建筑设计研究院有限公司
装配式装修实施单位：深圳市晶宫建筑装饰集团有限公司
装配式装修部品部件生产单位：广东博盛金属建材有限公司

一、项目概况

深圳技术大学项目位于深圳市坪山区石井、田头片区，坪山环境园以西，绿梓大道以东，南坪快速路以北，金牛路以南。项目建设内容主要包括健康与环境工程学院、创意设计学院、新材料与新能源学院、大数据与互联网学院、城市交通与物流学院、中德智能制造学院、先进材料测试中心、学术交流中心、图书馆、会堂、公共教学楼、校行政与公共服务中心综合楼、体育馆、南北区宿舍、食堂、留学生与外籍教师综合楼、校医院、地下公交首末站，以及连廊平台等室外配套工程，共19个建筑单体。深圳技术大学是深圳市委、市政府于2016年开始重点建设的一所本科学校，目标定位是要建成世界一流的开放式、创新型、国际化的高水平应用技术大学，面向高端产业发展需求，培养具有国际视野、工匠精神的高水平工程师、设计师等高端应用技术型人才（表2.5-1）。

深圳技术大学项目概况　　　表2.5-1

开工时间	2020年9月30日
竣工时间	2021年8月26日
建筑规模（面积/高度）	95万 m^2/96m
结构类型	框架结构
实施装配式装修面积	5.18万 m^2
采用的装配式装修技术	装配式装修成套技术应用、装配式装修一体化设计流程、BIM技术应用及信息化管理、穿插流水施工与组织管理

续表

项目特点与亮点	深圳技术大学项目是深圳市首批装配式装修试点项目之一,是全国范围内率先推行全过程工程咨询项目之一,被誉为中国首个"空中大学",是广东省和深圳市高标准建设的国际化、高水平、示范性一流应用技术大学

深圳技术大学采用"空中大学"的总体设计。以图书馆、行政办公楼等功能区为核心,以"科技轴"和"景观轴"为纵、横轴线,"科技轴"连接健康与环境工程学院、创意设计学院、新材料与新能源学院、大数据与互联网学院、城市交通与物流学院、中德智能制造学院六大学院教学楼,"景观轴"连接学生宿舍楼、人工湖等生态景观区域,打造一个7m高双层步行体系,全程近10km长,利用"空中连廊"连接整座校园。

深圳技术大学项目是深圳市首批12个装配式装修试点项目之一,其中装配式装修主要施工范围是创意设计学院、新材料与新能源学院、学术交流中心、先进材料测试中心、公共教学与网络中心、校医院、北区食堂、北区宿舍、留学生与外籍教师综合楼等区域的建筑装修装饰工程。涉及建筑面积9.8万m^2,其中装配式装修面积达5.18万m^2。采用的技术包括:装配式吊顶系统,施工面积16253.02m^2;装配式墙面系统,施工面积9657.84m^2;装配式地面系统,施工面积25902.27m^2。

项目于2020年获得"龙图杯"三等奖、"深圳市建设工程安全生产与文明施工优良工地"荣誉称号,2021年获得"全国建设工程项目施工安全生产标准化工地"荣誉称号、"中国建筑工程装饰奖""中国钢结构金奖",2022年被评为"深圳市海绵城市建设典范项目"。

该工程建筑总平面图、鸟瞰图、实景图如图2.5-1~图2.5-6所示。

图2.5-1 建筑总平面图

图 2.5-2 鸟瞰图

图 2.5-3 实景图

图 2.5-4 食堂实景图

图2.5-5 宿舍实景图

图2.5-6 校医院实景图

二、装配式装修技术应用情况

(一) 装配式装修成套技术应用

1. 装配式装修吊顶系统

该项目设计方案吊顶为铝单板,基层选用材料为50轻钢龙骨,面层选用材料为铝单板,采用螺栓对穿连接工艺。实施工艺流程如下:

(1) 在吊顶基层施工时采用50轻钢龙骨,如图2.5-7所示。

图2.5-7 轻钢龙骨安装图

(2) 在吊顶面层施工时采用铝单板,如图2.5-8所示。

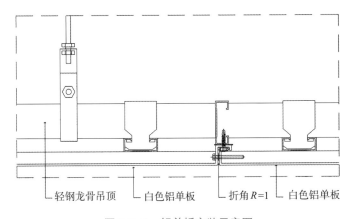

图2.5-8 铝单板安装示意图

（3）铝单板面层部位采用对穿螺栓安装技术，如图2.5-9所示。

图2.5-9　创意设计学院铝单板安装实景图

对穿螺栓安装技术通过螺栓实现相邻铝单板的密拼连接，利用自攻螺丝使铝板折边与轻钢龙骨固定连接，实现吊顶安装过程装配式、可拆卸。该技术获得实用新型专利一项：天花板吊挂装置及吊顶结构，专利号ZL202021815934.8。

该项目食堂外部一楼架空层区域吊顶为铝张拉网，基层选用材料为轻钢龙骨，面层选用材料为铝张拉网，采用插槽式连接工艺。实施工艺流程如下：

（1）在吊顶基层施工时采用轻钢龙骨，如图2.5-10所示。

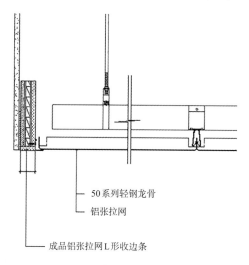

图2.5-10　铝张拉网收边节点图

（2）在吊顶面层施工时采用铝张拉网。

（3）铝张拉网部位采用插槽式安装技术，如图2.5-11所示。

图2.5-11 铝张拉网安装实景图

插槽式安装技术通过三角龙骨,使铝张拉网与轻钢龙骨固定连接,实现吊顶安装过程装配式、可拆卸。

该项目教学楼天花吊顶为铝扣板,基层选用材料轻钢龙骨,面层选用材料为铝扣板,采用插槽式安装工艺。实施工艺流程如下:

(1)在吊顶基层施工时采用轻钢龙骨,如图2.5-12所示。

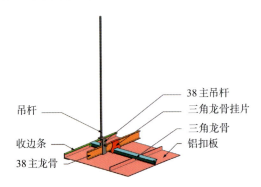

图2.5-12 铝扣板吊顶节点图

(2)在吊顶面层施工时采用铝扣板。

(3)铝扣板部位采用插槽式安装技术,如图2.5-13所示。

插槽式安装技术通过三角龙骨,使铝扣板与轻钢龙骨固定连接,实现吊顶安装过程装配式、可拆卸施工。

该项目多功能厅吊顶为铝方通,基层选用材料为50主龙骨,面层选用材料为铝单板折板,采用螺栓连接工艺。实施工艺流程如下:

(1)在吊顶基层施工时采用50主龙骨,如图2.5-14、图2.5-15所示。

图2.5-13　铝扣板吊顶实景图

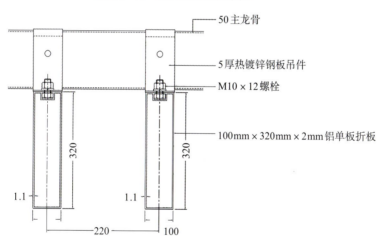

图2.5-14　主龙骨勾搭螺栓连接示意图

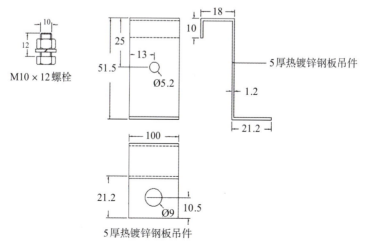

图2.5-15　热镀锌钢板吊件、螺栓示意图

（2）在吊顶面层施工时采用铝单板折板。

（3）铝方通、主龙骨部位采用定制热镀锌钢板吊件，采用螺栓安装技术，如图2.5-16所示。

图2.5-16　铝方通安装示意图

螺栓安装技术通过定制热镀锌钢板吊件，使铝方通与轻钢主龙骨固定连接，实现吊顶安装过程装配式、可拆卸。

2. 装配式装修墙面系统

该项目墙面为蜂窝铝板，基层选用材料为镀锌钢骨架，面层选用材料为蜂窝铝板，采用扣装式安装工艺。实施工艺流程如下：

（1）在墙面基层施工时采用膨胀螺栓、角码、镀锌钢骨架、挂件，如图2.5-17所示。

图2.5-17　墙面基层施工示意图

（2）在墙面面层施工时采用蜂窝铝板，如图2.5-18所示。

（3）蜂窝铝板背面采用扣装式安装技术，如图2.5-19所示。

图2.5-18　镀锌钢骨架安装示意图

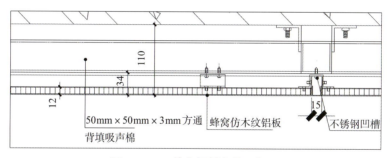

图2.5-19　蜂窝铝板安装示意图

扣装式安装技术通过蜂窝铝板背面定制挂耳与镀锌钢板骨架上挂件连接，使蜂窝铝板与镀锌钢龙骨固定连接，实现墙面安装过程装配式、可拆卸（图2.5-20）。该技术获得实用新型专利一项：新型装饰板干挂装置及墙面装饰结构，专利号ZL 202021815935.2。

图2.5-20　蜂窝铝板扣装完成实景图

该项目电梯厅、卫生间墙面为抗倍特板,基层选用材料为镀锌方通,面层选用材料为仿木纹抗倍特板,采用扣装式安装工艺。实施工艺流程如下:

(1) 在墙面基层施工时采用膨胀螺栓、角码、镀锌钢骨架、挂件,如图2.5-21所示。

(2) 在墙面面层施工时采用抗倍特板,如图2.5-22所示。

(3) 抗倍特板背面采用扣装式安装技术,如图2.5-23所示。

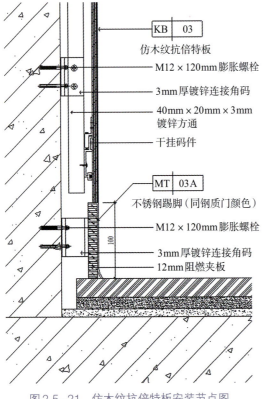

图2.5-21 仿木纹抗倍特板安装节点图

图2.5-22 仿木纹抗倍特板安装图

图2.5-23 仿木纹抗倍特板完成实景图

扣装式安装技术通过抗倍特板背面定制挂耳与镀锌钢板骨架上挂件连接，使蜂窝铝板与镀锌钢龙骨固定连接，实现墙面安装过程装配式、可拆卸。该技术获得实用新型专利两项：墙面装饰装置，专利号ZL202021835052.8；新型墙面装饰装置，专利号ZL202021829939.6。

该项目电梯厅墙面为石材，基层选用材料为镀锌方通，面层选用材料为花岗石，采用背栓干挂工艺。实施工艺流程如下：

（1）在墙面基层施工时采用后置埋件、膨胀螺栓、角码、镀锌钢骨架、挂件，如图2.5-24所示。

图2.5-24　基层钢架安装实景图

（2）在墙面面层施工时采用花岗石，如图2.5-25所示。

图2.5-25　石材安装实景图

(3)石材背面采用背栓干挂安装技术。背栓干挂安装技术通过石材背面背栓、挂耳与镀锌钢板骨架上角码连接,通过调节螺丝上下微调,使石材与镀锌钢龙骨固定连接,实现墙面快速安装。

3. 装配式装修地面系统

该项目设计方案地面为瓷砖、麻石,基层选用材料为专用胶粘剂,面层选用材料为瓷砖、麻石,采用薄贴施工工艺。实施工艺流程如下:

基层移交→放线定位→专用胶粘剂胶制备→地面铺浆及梳条→饰面层铺放→平整度调整→表面清理及填缝→成品保护。

(1)在地面基层施工时采用地面扫浆、6~8mm厚专用胶粘剂,如图2.5-26所示。

(2)在地面面层施工时采用瓷砖、麻石,如图2.5-27所示。

图2.5-26　地面扫浆实景图　　　　图2.5-27　瓷砖薄贴完成实景图

(3)瓷砖、麻石安装采用薄贴施工技术。薄贴施工技术通过地面面层材料与专用胶粘剂粘结形成整体,实现地面快速施工、平整度高。

(二)BIM技术应用及信息化管理

分阶段制定BIM实施进度计划,第一阶段时间:2020年8月7日—2020年10月15日,主要工作内容:明确BIM工作机制、制定BIM工作进度计划、项目基础模型创建及初步应用(图2.5-28)。

第二阶段时间:2020年10月15日—2020年12月30日,主要工作内容:根据深化设计完善施工阶段模型,深化设计、方案比选、软硬碰撞、成本控制、施工工艺模拟、效果展示等过程中BIM应用(图2.5-29)。

图2.5-28 第一阶段进度计划（截图）

楼标	楼层	工作区域	工作内容	预计天数	BIM工作开始	预计完成时间	完成情况	备注
3号楼样板间	4层	4层样板间区域（包含电梯厅、内侧走道）	墙、地面、顶棚建模，各种灯具、机电末端点位布置	4	2020/8/7	2020/8/10	已经完成	深化图纸需设计审核，依据设计意见修改调整后，再更新BIM模型
4号楼样板间	2层	2层电梯厅、走道、男女卫生间、大型教室	墙、地面、顶棚建模，各种灯具、机电末端点位布置	4	2020/8/11	2020/8/14	已经完成	深化图纸需设计审核，依据设计意见修改调整后，再更新BIM模型
5号楼样板间	4层	4层电梯厅、横竖走道、标间	墙、地面、顶棚建模，各种灯具、机电末端点位布置	4	2020/8/13	2020/8/16	已经完成	深化图纸需设计审核，依据设计意见修改调整后，再更新BIM模型
3号楼	首层	墙面、地面、顶棚	墙面分缝、踢脚、地面铺装分缝、顶棚、灯具、格栅、各类机电末端建模，与总包单位进行合模及问题反馈	3	2020/8/11	2020/8/13	已经完成	样板间区域优先建模，此阶段模型为初版模型，需依据深化及现场进度进行同步调整
	2层			3	2020/8/14	2020/8/16	已经完成	
	3层			3	2020/8/17	2020/8/19	已经完成	
	4层			4	2020/8/7	2020/8/10	已经完成	
	5层			2	2020/8/20	2020/8/21	已经完成	
	6层			2	2020/8/22	2020/8/23	已经完成	
	7层			2	2020/8/24	2020/8/25	已经完成	
4号楼	首层	墙面、地面、顶棚	墙面分缝、踢脚、地面铺装分缝、顶棚、灯具、格栅、各类机电末端建模，与总包单位进行合模及问题反馈	3	2020/8/14	2020/8/16	已经完成	样板间区域优先建模，此阶段模型为初版模型，需依据深化及现场进度进行同步调整
	2层			4	2020/8/11	2020/8/14	已经完成	
	3层			3	2020/8/17	2020/8/19	已经完成	
	4层			3	2020/8/20	2020/8/22	已经完成	
	5层			3	2020/8/23	2020/8/25	已经完成	
	6层			3	2020/8/26	2020/8/28	已经完成	
	7层			3	2020/8/29	2020/9/2	已经完成	
	8-11层			5	2020/9/3	2020/9/7	已经完成	
	12-15层			5	2020/9/8	2020/9/12	已经完成	
	16-17层			3	2020/9/13	2020/9/15	已经完成	
5号楼	首层	墙面、地面、顶棚	墙面分缝、踢脚、地面铺装分缝、顶棚、灯具、格栅、各类机电末端建模，与总包单位进行合模及问题反馈	3	2020/8/22	2020/8/24	已经完成	样板间区域优先建模，此阶段模型为初版模型，需依据深化及现场进度进行同步调整
	2层			3	2020/8/25	2020/8/27	已经完成	
	3层			3	2020/8/28	2020/8/30	已经完成	
	4层			4	2020/8/13	2020/8/16	已经完成	
	5-6层			4	2020/8/31	2020/9/3	已经完成	
	7-10层			4	2020/9/4	2020/9/7	已经完成	
	11-12层			4	2020/9/8	2020/9/11	已经完成	

图2.5-28 第一阶段进度计划（截图）

楼标	楼层	深化区域及内容	预计天数	BIM工作开始	预计完成时间	完成情况	备注
3号楼	首层	公共区域及教室走道天花、卫生间排板、阶梯教室排板，顶棚、墙面点位确定及添加	3	2020/10/30	2020/11/2	已经完成	
	2层		3	2020/11/3	2020/11/6	已经完成	
	3层		3	2020/11/7	2020/11/9	已经完成	
	4层		4	2020/11/10	2020/11/14	已经完成	
	5层		2	2020/11/15	2020/11/16	已经完成	
	6层		2	2020/11/17	2020/11/18	已经完成	
	7层		2	2020/11/19	2020/11/21	已经完成	
4号楼	首层	公共区域及教室走道天花、卫生间排板、阶梯教室排板，顶棚、墙面方案确定及添加	3	2020/11/2	2020/11/4	已经完成	
	2层		4	2020/11/5	2020/11/9	已经完成	
	3层		5	2020/11/10	2020/11/14	已经完成	
	4层		4	2020/11/15	2020/11/19	已经完成	
	5层		3	2020/11/20	2020/11/22	已经完成	
	6层		3	2020/11/23	2020/11/25	已经完成	
	7层		3	2020/11/26	2020/11/28	已经完成	
	8-11层		5	2020/11/29	2020/12/3	已经完成	
	12-15层		5	2020/12/4	2020/12/9	已经完成	
	16-17层		3	2020/12/10	2020/12/13	已经完成	
5号楼	首层	公共区域及教室走道天花、卫生间排板、阶梯教室排板，顶棚、墙面方案确定及添加	3	2020/11/2	2020/11/5	已经完成	
	2层		3	2020/11/6	2020/11/8	已经完成	
	3层		3	2020/11/9	2020/11/12	已经完成	
	4层		3	2020/11/13	2020/11/16	已经完成	
	5-6层		4	2020/11/17	2020/11/21	已经完成	
	7-10层		4	2020/11/22	2020/11/25	已经完成	
	11-12层		4	2020/11/26	2020/11/30	已经完成	

注：6号楼先进材料测试中心进度滞后，现阶段无施工图纸，以上工作安排后期依据施工进度调整。

图2.5-29 第二阶段进度计划（截图）

第三阶段时间：2021年1月10日—2021年5月30日，主要工作内容：配合现场深化设计师完善深化施工图，并根据竣工图纸完成竣工模型及竣工资料整理（图2.5-30）。

根据装饰施工图，在原有土建模型基础上进行检查并创建精装修BIM模型。协调机电各专业与装饰碰撞问题，其中，精装修BIM模型包括地面、墙身、顶棚、立面装饰等。

根据可视化效果（图2.5-31、图2.5-32），查看机电模型和装饰顶棚模型，优化机电风口以及消防喷头点位，进行机电二次设计，协调现场施工。

	1	依据变更修改完善模型	4	2021.01.02	2021.01.05
	2	依据变更修改完善模型	4	2021.01.06	2021.01.10
	3	依据变更修改完善模型	4	2021.01.11	2021.01.14
	4	依据变更修改完善模型	4	2021.01.15	2021.01.18
	5	依据变更修改完善模型	4	2021.01.19	2021.01.22
	6	依据变更修改完善模型	4	2021.01.23	2021.01.26
	7	依据更新完善至竣工模型	4	2021.01.27	2021.01.30
	8	依据变更修改完善模型	3	2021.01.31	2021.02.02
4	9	依据变更修改完善模型	3	2021.02.03	2021.02.05
	10	依据变更修改完善模型	3	2021.02.06	2021.02.08
	11	依据变更修改完善模型	3	2021.02.19	2021.02.21
	12	依据变更修改完善模型	3	2021.02.22	2021.02.24
	13	依据变更修改完善模型	3	2021.02.25	2021.02.27
	14	依据变更修改完善模型	3	2021.02.28	2021.03.02
	15	依据变更修改完善模型	3	2021.03.03	2021.03.05
	16	依据变更修改完善模型	3	2021.03.06	2021.03.09
	17	依据更新完善至竣工模型	3	2021.03.10	2021.03.12

图2.5-30　第三阶段进度计划（截图）

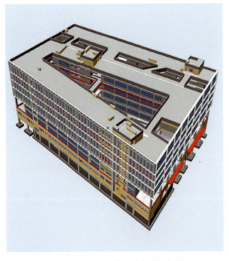 

图2.5-31　3号楼创意设计学院　　图2.5-32　4号楼新材料与新能源学院

BIM咨询管理：本项目由BIM咨询单位每周在市建筑工务署项目部组织召开BIM专项例会（图2.5-33）。

图2.5-33　BIM工作周报

BIM平台协同管理（图2.5-34）：根据项目应用需求使用工务署工程项目管理平台应用，便于日常项目管理及文件传输，已上传精装修标段各阶段模型36个，各类BIM成果文件及各楼栋效果图等文件。

图2.5-34　BIM平台协同管理

BIM参与图纸会审（图2.5-35）：应用BIM技术的三维可视化功能辅助图纸会审，形象直观，具有不可忽视的优势。首先，通过BIM的施工图会审会发现传统二维图纸会审所难以发现的问题。传统的施工图会审都是在二维图纸中进行图纸审查，难以发现空间上的问题，运用BIM的施工图会审是在三维模型中进行的，各工程构件之间的空间关系一目了然，通过软件的碰撞检查功能进行检查，可以很直观地发现图纸不合理的地方。其次，运用BIM的施工图会审通过在三维模型中进行漫游审查，以第三人的视角对BIM模型内部进行查看，有利于发现净空设置等问题，以及设备、管道、管配件的安装、操作、维修所必需空间的预留问题。

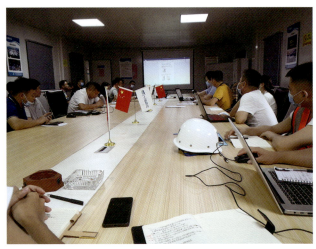

图2.5-35　BIM参与图纸会审

BIM协同施工（图2.5-36）：运用BIM技术协同现场各专业净高空间。提前解决，提出各专业标高需求，依托BIM技术协同解决确定各专业需求标高，推进项目施工。

5		3栋1层	(3B-G~F，3B-10~11)	1层3-4卫生间外走廊精装图纸完成面标高为5000mm,考虑转换层及天花基层（含封板高度）需300mm高度位置，故需支架底最低高度为5300mm，现场实际最低点5000mm，需调整支架最低点为5300mm，需调整支架抬高300mm。	5000	5200	5000				□是 √否	□模型修改 √现场整改
6		3栋1层	(3B-E~D，3B-10~11)	1层3-4走廊精装图纸完成面标高为5000mm,考虑转换层及天花基层（含封板高度）需300mm高度位置，故需支架底最低高度为5300mm，现场实际最低点5150mm，需调整支架最低点为5300mm，需调整支架抬高150mm。	5000	5150	5150				□是 √否	□模型修改 √现场整改
7		3栋1层	(3A-A~B，3A-12~13)	1层3-1走廊精装图纸完成面标高为5000mm,考虑转换层及天花基层（含封板高度）需300mm高度位置，故需支架底最低高度为5300mm，现场实际最低点5150mm，需调整支架最低点为5300mm，需调整支架抬高150mm。	5000	5260	5150				□是 √否	□模型修改 √现场整改
8		3栋1层	(3A-A~B，3A-9~10)	1层3-3走廊精装图纸完成面标高为5000mm,考虑转换层及天花基层（含封板高度）需300mm高度位置，故需支架底最低高度为5300mm，现场实际最低点5150mm，需调整支架最低点为5300mm，需调整支架抬高150mm。	5000	5150	5150				□是 √否	□模型修改 √现场整改
9		3栋3层	(3B-B~C，3B-4)	3层3-2走廊精装图纸完成面标高为4000mm,考虑转换层及天花基层（局部因楼梯影响需做局部转换层，含封板高度）需300mm高度位置，故需支架底最低高度为4300mm，现场实际最低点4050mm，需调整支架最低点为4300mm，需调整支架抬高250mm	4000	4170	4050				□是 √否	□模型修改 √现场整改

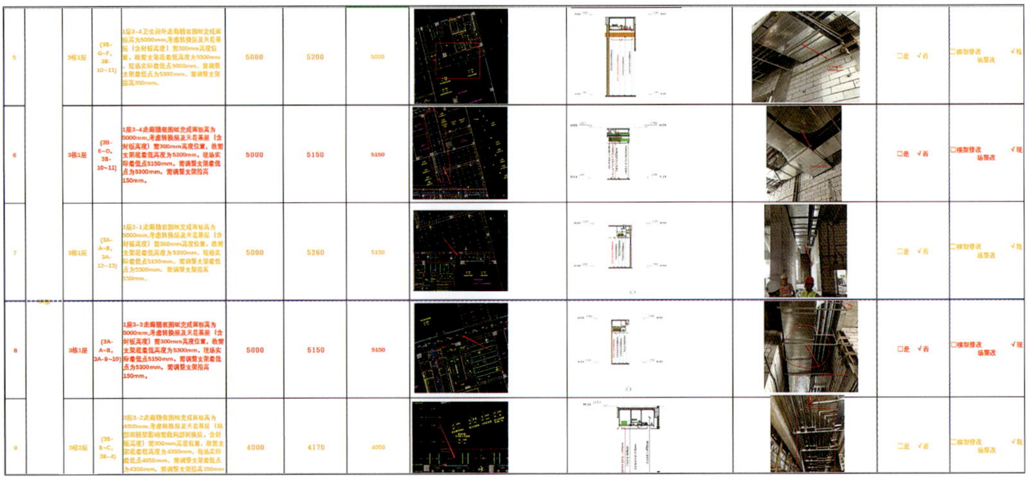

图2.5-36　BIM协同施工图（截图）

图纸审查（图2.5-37）：通过BIM三维可视化模型，能够直观的发现二维图纸中所存在的问题，项目初期根据蓝图所发现问题有30项，其中主要问题是图纸的错漏缺。

通过所有专业BIM模型的合模查看，结合本专业对应的图纸，出现问题及时沟通协调，提前规避、修正问题。

图纸问题分类描述一览总表

图纸问题分类			
冲突类型	冲突说明	描述	备注
A类	各专业间冲突,需设计提供修改方案	结构楼板、结构柱与幕墙冲突	—
		户型图纸与建筑图纸墙体位置不一致,导致冲突	
		钢梁留洞与建筑墙体冲突	
		工字梁梁低标高比吊顶标高要低	
		雨水立管位置与书房吊顶及射灯位置冲突	
B类	各专业间冲突,可以在管综调整后能避免的问题	给水管、热水供水管路由相互冲突,穿梁,穿顶棚吊顶	—
C类	图纸错漏缺	主要是平面图,剖面图(立面)、详图对应不上	
D类	系统缺失	平面图和系统图对应不上	待设计确定后按照常规创建模型

图2.5-37　BIM图纸审查(截图)

深化设计：依托BIM协同深化优化方案。依托蓝图创建模型,直观、准确、快速地展示蓝图效果。协同深化对图纸重新调整确定。优化选取更优方案。通过BIM快速建模,在实施落地前期,依托模型三维效果展示,快速、直观、准确地选取更优的综合性高的方案(图2.5-38)。

图2.5-38　BIM墙砖优化示意

复杂工艺节点展示见图2.5-39～图2.5-42。

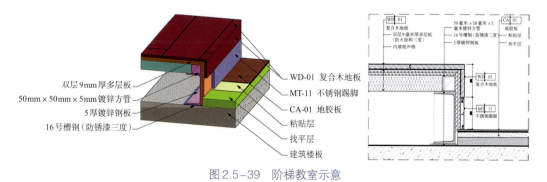

图2.5-39　阶梯教室示意

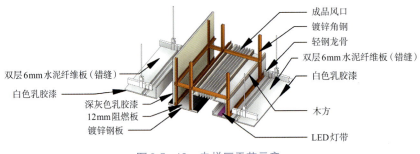

图2.5-40　电梯厅天花示意

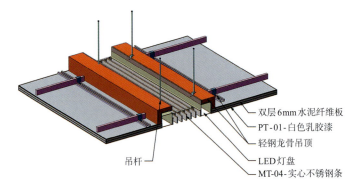

图2.5-41　教室天花风口示意

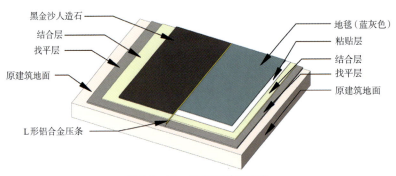

图2.5-42　电梯厅地面示意

可视化技术交底（图2.5-43）：根据施工方法和架体构造及搭设要求，将具体的文字性要求，通过三维软件建模有针对性地还原作业面仿真现场，加大被交底人对现场环境的感知，并进一步加深其感官印象。

移动端应用：二维码移动端的应用，对有代表性的重要空间，制作720度全景，出具二维码。结合移动端，直观、真实、快速查看确认适用空间信息，具有施工指导作用。

BIM技术的核心亮点在于其强大的集成性、可视化、模拟分析能力，以及协同工作的优势。采用BIM与建筑、结构、机电等各专业进行一体化设计，进一步实现设计、生产、施工、运维的全生命周期项目信息化管理，从设计、施工到运维的各个阶

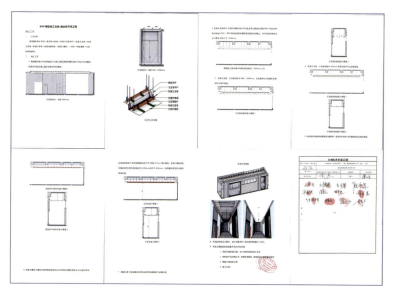

图2.5-43 可视化技术交底示意

段实现信息的无缝传递与共享。BIM技术显著提升了设计效率与质量,减少设计变更与冲突,还通过精确的施工模拟优化资源配置,降低成本。BIM的可视化特性使得复杂结构直观易懂,可增强各方沟通与决策效率。BIM技术为装配式装修可持续发展提供强有力的技术支撑,推动绿色建筑、节能减排等目标的实现。

(三)穿插流水施工与组织管理

1. 穿插流水施工

深圳技术大学建设项目占地区域广、项目种类多、功能需求多、单体数量多、参与单位多、管理任务重,为典型项目群管理。项目群的高度复杂性使得项目群的计划管理存在多重性和不确定性等特点。如何对项目群的资源、场地、建设时序等进行系统的分解,是决定项目群计划管理成功的关键因素之一。

本项目分四个标段建设,分别由4家施工总承包单位统筹其标段下施工内容,针对各标段的装修、幕墙、外墙涂料、防水、钢质门、防火门、电梯、弱电、智能化等专业工作内容单独发包(平行发包)。因本项目建设工期紧张,传统的施工流水无法满足建设需要,因此实施全专业、全时序的穿插施工尤为重要。

在施工过程中,把室内和室外、底层和楼层部分的土建、水电和设备安装等各项工程结合起来,实行上下左右、前后内外、多工种多工序相互穿插、紧密衔接,同时进行施工作业。适用于规模大、结构复杂等项目的主体结构、二次贴机电安装、卫生间防水、室内装修、幕墙埋件、外墙抹灰、外墙防水、外墙涂料墙线条安装、室外管网、土方回填、室外铺装、园林绿化、电梯安装等，施工过程具体包括：

（1）在项目整体施工中，通过室外综合管线、道路、景观与建筑单体穿插施工。

（2）安装工程、门窗工程、外墙装饰工程、内装饰工程、市政景观工程等有序穿插、紧密衔接，同时进行施工作业。

（3）在地下室施工中应用穿插施工，使安装工程与上部主体结构同步进行。

（4）在室外工程施工中应用穿插施工，结合永久道路，做到市政先行等。

2. 全过程工程咨询

项目采用全过程工程咨询模式，精简工作界面、明晰管理层级，充分发挥建设单位"总控督导"的定位，明晰工程咨询单位"自主实施"的定位，并形成图2.5-44所示"金字塔"管理职能定位的模型。在该定位下，建设单位站位在"金字塔"顶端，工作重点面向工程项目使用单位及有关政府行政部门，明确总体需求，制定总体目标，总体监督和控制建设项目前期与施工阶段管理工作，充分发挥"决策、监督、保障、技术支撑"四大总控督导职能；全过程工程咨询方受建设方委托，全面组织开展工程项目管理组织行为（包括部分专业咨询工作的实施，如招标代理、工程监理等），根据总体需求及建设目标，具体开展前期策划、设计管理、招标与采购管理、施工监管、工程监理、实验室工艺咨询等工作，组织管理好勘察单位、设计单位、施工单位、材料设备供货商等。

图2.5-44 全过程工程咨询模式下"金字塔"管理定位模型

全过程工程咨询团队在进驻施工后，建设方的管理架构也随之变化，通过将该团队植入建设方管理团队，合院办公，共同推进项目，实现项目管理目标，如图2.5-45所示。

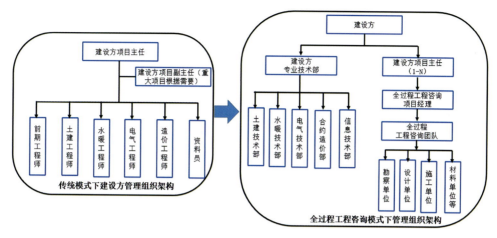

图2.5-45 建设方与全过程工程咨询单位组织结构的融合

三、综合效益

(一) 成本分析

本项目装配式装修造价为1088.09元/m²,传统装修预估造价为1137.05元/m²,装配式装修比传统装修造价低4.5%。通过墙面扣装式安装工艺,可以降低施工成本。本项目由于体量较大,装配式装修在材料利用方面的优势得以体现。装修材料可以精确计算和预制,在生产阶段就确保材料的充分利用,每一种材料都是根据实际需求进行定制,避免了材料的过度切割和浪费,从而大幅度减少材料浪费。这种高效的装修方式不仅降低了成本,也符合绿色、环保的可持续发展理念。

传统装修施工班组众多,需要大量的人力投入,现场管理难协调。装配式装修则通过工厂预制和现场简单组装的方式,极大地减少了现场施工人员的需求。现场施工过程更加简单,对工人的技能要求相对较低。减少对高技能工人的依赖,从而降低人工成本。此外,装配式装修的施工过程更加机械化和自动化,减少了手工操作的复杂性和时间,进一步提高了施工效率,缩短了施工周期,从而在总体上降低了人工成本。

从长期角度看,装配式装修的物料成本、人工成本,以及维护和运营成本都会更低。物料成本由于工业化大规模生产而降低,人工成本因工时减少和员工培养成本降低而减少,维护和运营成本则因干法安装作业和标准化生产带来的优势而降低。

(二)用工用时分析

本项目中装修合同工期为195天,采用装配式装修方式,实际进场具备施工天数为150天,装配式装修比传统装修可节约工期23.1%。传统装修项目涉及的工种多,包括水电工、木工、油漆工、瓦工、泥工等。以一套$100m^2$的房屋装修为例,需要6～12名工人参与,其中水电工至少需要一人,木工和油漆工的数量则根据房屋的规模和复杂程度而定。装配式装修项目由于采用工厂预制、现场组装的方式,对现场工人的数量需求相对较少。以同样一套$100m^2$的房屋为例,装配式装修可能仅需3～5名工人即可完成现场拼装工作。

传统装修项目包括拆除与清理、地面处理、墙面处理、天花处理、木工工程、电气工程、水暖工程、瓷砖卫浴安装、油漆工程、灯具安装等多个施工环节。每个环节都需要相应的工人进行操作,施工周期较长。装配式装修项目将大部分施工工程转移至工厂内进行,现场仅进行简单的拼装和安装工作,施工周期大大缩短。

从用工数量和施工工程两个方面来看,装配式装修项目相较于传统装修项目具有显著优势。这些优势主要得益于装配式装修的工厂预制、现场组装的生产方式,以及标准化的设计理念。

(三)减碳分析

本项目装配式装修单位面积的碳排放量约为$40kg/m^2$。装配式装修将大量工作转移至工厂内完成,现场进行简单的拼装工作,因此减少了施工现场的碳排放。另外,装配式装修通过采用绿色、节能材料,使得能源的使用效率得到提高。除此之外,由于装配式装修提倡无损拆除、可循环再利用,装修废弃物的产生量大幅减少。

四、项目总结

深圳技术大学项目是深圳市首批12个装配式装修试点项目之一,亦是全国范围内率先推行的全过程工程咨询项目之一。通过装配式装修的施工方式,实现了快速安装、大面积施工,降低了施工时间和人工材料成本,提高了工程质量,总体效益得到提升。在设计和施工上亮点纷呈,从发展的角度来看体现了技术和管理双重维度创新,将成本控制、工期计划、施工管理等内容前置规划。

在深圳技术大学项目建设过程中,各参建单位始终坚持"科技引领,创新驱动"

的发展理念，紧跟大数据时代发展潮流，加大技术投入，依靠创新驱动发展。不断提高项目建设信息化水平，通过BIM技术与各系统的交互、感知、决策、执行和反馈，实现一体化、模块化、智能化、网络化的施工现场过程管理，为项目安全、质量、工期保驾护航。

【案例六】

深圳市中医院光明院区一期项目

建设单位：深圳市建筑工务署教育工程管理中心
施工单位：深圳市建工集团股份有限公司
设计单位：深圳市建筑设计研究总院有限公司、深圳市杰恩创意设计股份有限公司
装配式装修实施单位：深圳瑞和建筑装饰股份有限公司
装配式装修部品部件生产单位：深圳市伟泰建材有限公司、深圳市乐家乐建筑材料有限公司、常州中复丽宝第复合材料有限公司

一、项目概况

深圳市中医院光明院区一期项目（以下简称"中医院项目"）建设地点位于深圳市光明区光桥路与龙大高速交界处。总建筑面积约44万 m^2，其中地上建筑面积约29万 m^2，地下建筑面积约15万 m^2。建设内容包括地下室、综合医疗区（门诊医技楼、内科中心大楼、外科中心大楼、妇儿中心大楼）、制剂中心及高压氧舱楼、行政科研楼、会议中心、教学宿舍大楼、锅炉房污水处理站、衰减池、室外配套工程等（表2.6-1）。

深圳市中医院光明院区一期项目建筑装修装饰工程施工Ⅴ标实施装配式装修，

深圳市中医院光明院区一期项目概况　　　　表2.6-1

开工时间	2021年12月20日
竣工时间	2023年5月10日
建筑规模（面积/高度）	44万 m^2/51m
结构类型	框架结构、框架剪力墙结构、钢结构等
实施装配式装修面积	3.52万 m^2
采用的装配式装修技术	成套技术、一体化设计、BIM技术应用及管理、标准化部品部件、无损拆除与可逆安装、穿插流水施工
项目特点与亮点	建筑装修一体化设计、"基于BIM技术的室内装饰装修工程数字化测量放线施工工法""建筑装饰工程装配式部品部件BIM参数化数据库"、装配式装修部品部件干式工法施工、穿插流水施工等

范围包括：外科中心（7～12层）、宿舍楼（1～12层）。本标段装配式装修面积为35118.8m²，合同造价为5519.77万元。装配式装修内容如表2.6-2所示。

装配式装修内容及面积　　　　　　　　表2.6-2

部位	内容	面积
装配式吊顶	铝板吊顶	17903.2m²
装配式墙面	成品洁菌板（抗倍特板）墙面	4454.49m²
装配式隔墙	玻纤树脂板集成式隔墙	12761.11m²
其他	成品门窗套、卫生间成品隔断等	—
合计	—	35118.8m²

深圳市中医院光明院区一期项目是深圳市2022年重大项目之一，也是目前国内规模最大的中医院建设项目。本项目获得"深圳市第三批装配式装修试点项目"、2023年度深圳市装饰工程"金鹏奖"等奖项。

本项目建筑鸟瞰图、建筑功能分区图、外科中心标准层平面图、装修效果图、装修完工图如图2.6-1～图2.6-9所示。

图2.6-1　建筑鸟瞰图

图2.6-2　建筑功能分区图

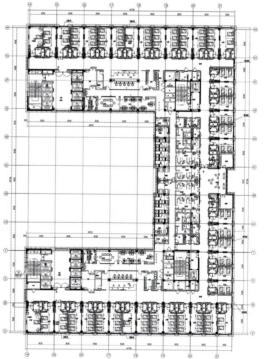

图2.6-3　外科中心标准层平面图

图2.6-4 标准层走廊方案效果图

图2.6-5 标准层病房效果图

图2.6-6 活动区效果图

图2.6-7 标准层走廊完工图

图2.6-8 标准层病房完工图

图2.6-9 活动区完工图

二、装配式装修技术应用情况

(一)建筑装修一体化设计

本项目为建筑装修一体化设计,在建筑施工图设计阶段完成装修施工图,明确部品部件的优选类型及其关键性能指标,如尺寸规格、材质标准、连接方式等,确保所选组件与建筑结构完美匹配,避免了传统设计与装修分离模式下常见的结构与装饰之间的冲突问题。一体化设计的实施,极大减少了因设计变更导致的资源浪费,显著降低了施工期间因拆改而产生的额外费用,提升了工程项目的经济性和施工效率。同时,这种前瞻性的设计思路促进了材料的标准化与模块化应用，有利于加快施工进度，提高施工现场的组织管理水平，为项目整体质量控制与成本控制奠定了坚实基础。

（二）"基于BIM技术的室内装饰装修工程数字化测量放线施工工法"应用

本项目吊顶、墙面、隔墙装配式装修应用了"基于BIM技术的室内装饰装修工程数字化测量放线施工工法"。通过使用三维激光扫描仪对施工现场进行扫描，以获取施工现场的三维点云数据模型，测量数据精度高、全面完整，包含现场的每一个细节部位（图2.6-10、图2.6-11）。

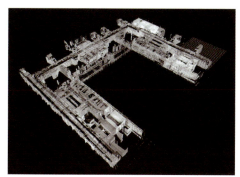 

图2.6-10 三维点云数据模型　　　　图2.6-11 三维点云数据模型展示标高尺寸

在三维点云数据模型基础上进行BIM模型逆向建模，BIM模型与现场完全一致，实现数据源的统一。同时进行全专业深化设计、可视化设计，便于对比，提高设计效率，实现自动查错，自动清单汇总（图2.6-12）。

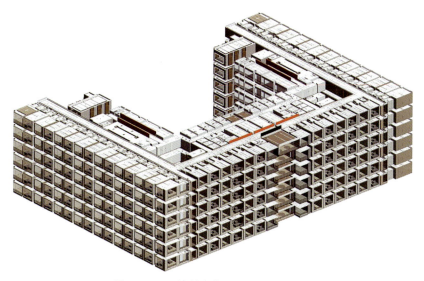

图2.6-12 外科中心7~12层BIM模型

将BIM模型中以构件为单位创建放线控制点位等相关数据,通过放样机器人自动识别获取放线控制点位,并通过有色激光投射到施工现场相应的安装部位,精度高、速度快、效率高,实现全自动定位放线,是人工手动测量放线速度的2～3倍(图2.6-13)。

图2.6-13　BIM放样机器人放线

将BIM模型中材料相关数据发送至生产制造建筑物模块的材料加工工厂,工厂根据BIM模型有关数据以及施工现场的测量数据生产制造出对应的建筑物模块(图2.6-14);将建筑物模块送至施工现场,并由工人直接按顺序拼装完成施工。本项工法被评为省级工法,达到国内先进水平,该技术形成的《一种基于BIM的施工和装修方法》获得国家发明专利证书。

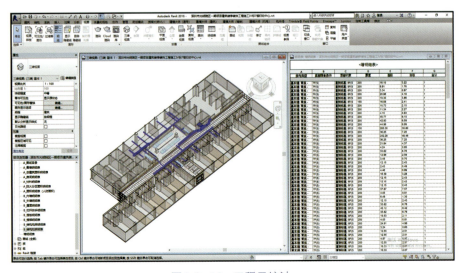

图2.6-14　工程量统计

(三)"建筑装饰工程装配式部品部件BIM参数化数据库"应用

本项目吊顶、墙面、隔墙装配式装修中的龙骨、卡扣件、收边条、五金件等部品部件应用了与深圳大学联合开发的"建筑装饰工程装配式部品部件BIM参数化数据库"相关数据,减少了深化设计时间,节约了设计费用。本项技术主要以"绿色建筑装配式部品部件"技术创新为核心,通过BIM三维设计技术开发"建筑装饰工程装配式部品部件BIM参数化数据库",形成"装配式部品部件BIM参数化数据库管理系统"和"装配式部品部件BIM参数化数据库远程设计共享系统"(图2.6-15、图2.6-16)。装配式装修部品部件技术体系标准化、BIM可视化和远程共享应用,与BIM技术、数字化测量放线技术、智能化施工管理技术结合应用,提高管理效率、缩短工期、降低成本、提高工程安全和质量水平。本项技术入选深圳市住房和建设局公布的深圳市"十三五"工程建设领域科技重点计划(攻关)项目,并顺利通过项目验收。

图2.6-15 BIM参数化数据库远程设计共享系统

图2.6-16 BIM参数化数据库

(四)装配式装修部品部件干式工法施工

本项目吊顶、墙面、隔墙采用了装配式装修部品部件进行干式工法施工。

1. 装配式装修吊顶

铝板吊顶施工面积17903.2m²。采用铝板专用勾搭挂件将铝板与铝板钢骨架体系进行固定,如图2.6-17、图2.6-18所示。干式工法施工便捷高效,节省施工时间和劳务成本。

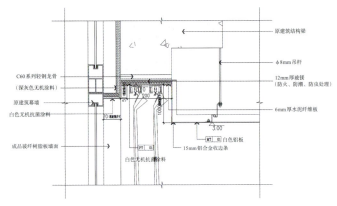

图2.6-17　铝板吊顶节点图　　　　　图2.6-18　铝板吊顶安装

2. 装配式装修墙面

成品洁菌板(抗倍特板)墙面施工面积4454.49m²。墙面采用工厂加工定制的配套镀锌钢骨架作为成品洁菌板龙骨基层,背部挂件使用铝合金专用挂件(图2.6-19、图2.6-20),施工简单快速,提高了工作效率,保证了工期。

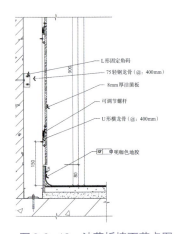

图2.6-19　洁菌板墙面节点图　　　　　图2.6-20　洁菌板墙面安装

3. 装配式装修隔墙

玻纤树脂板集成式隔墙施工面积12761.11m²。隔墙采用配套镀锌轻钢龙骨体系,内填充防火憎水岩棉,双面封带装饰面层的玻纤树脂成品板,在现场采用干式工法组合安装(图2.6-21、图2.6-22),施工速度快,材料损耗少。隔墙包含其他装配式细部:成品门窗套、卫生间成品隔断等。

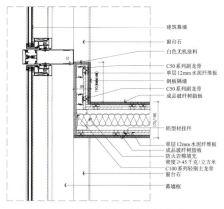
图2.6-21 玻纤树脂板隔墙节点图

图2.6-22 玻纤树脂板隔墙安装

装配式装修部品部件均采用标准化产品，提高通用性和互换性，连接构造遵循可逆安装和无损拆除的设计原则，在建筑全生命期内满足易维护、可更换的要求。

（五）穿插流水施工

本项目采用穿插流水施工，依据项目特点和施工逻辑，将工程分解为多个可独立作业又相互衔接的施工段落。通过精细化的进度安排与调度，确保不同工种的产业工人能在各自的工作面内连续作业，既保证了人力资源的稳定分配，也使得每一道工序的完成都能无缝对接下一环节，有效避免了窝工现象，提高了工人的作业效率。同时，穿插流水施工模式强调部品部件的预制与现场装配的高效协同，要求供应商按照精确的施工进度计划，均衡、准时地供应高质量的预制构件，减少现场等待时间，保证施工节奏的连贯性。

穿插流水施工策略在本项目中的应用，实现主体结构、外围护、设备管线与装修部品部件组合安装的穿插流水作业，实现产业工人固定均衡、部品部件供应均衡、质量稳定可控、工期缩短、降低综合建造成本的目标。

（六）《装配式装修评价标准》SJG 159—2024示范应用

以本项目为示范，进行装修装配率评估，检验标准所列评价条款是否合理可行。为促进建筑室内装配式装修发展，规范建筑室内装配式装修评价，受深圳市住房和建设局委托，深圳市建筑产业化协会会同相关单位共同编制《装配式装修评价标准》SJG 159—2024，适用于评价新建、改建、扩建建筑室内装修的装配式程度。本项目外科中心工厂生产、干式工法施工吊顶应用比例约80%；工厂生产、干式工法施工墙面应用比例约50%；工厂化生产、干式工法施工隔墙的应用比例100%；根据《装配式装修评价标准》SJG 159—2024中的计算公式，本项目外科中心装配式装修技术总评分为80分。

三、综合效益

（一）成本分析

1. 测量+放线

使用三维激光扫描仪对施工现场进行扫描，获取精确的三维点云数据模型；通过放样机器人自动识别获取放线控制点位，并通过有色激光投射到相应的安装部位，进行准确的放线定位。节省人工费约4.08万元。

2. BIM深化设计

通过BIM虚拟空间进行全专业的深化设计，消化实际基层偏差，以及模拟装修与电气、暖通、给水排水、消防等各专业之间的交叉碰撞问题，实现自动查错，自动清单汇总，节省人工费约2.8万元。

3. 装配式装修干式工法施工

采用工厂制作的集成板材及成品模块，在现场采用干式工法组合安装，安装快速便捷，提高施工效率，节省人工安装费用约14.68万元。

4. 材料损耗

工厂根据BIM模型有关数据以及施工现场的测量数据生产制造模块和构配件，提高尺寸精度、降低返工，减少因现场加工所产生的不必要材料损耗，节省约28万元。

5. 管理成本

装配式装修技术稳定性高、施工可操作性强，安全性好，效率大幅提高，总体缩短工期57天，节省管理费用28.5万元。

综上，通过激光放线、BIM深化设计以及干式工法技术，项目成本共节约4.08+2.8+14.68+28+28.5=78.06万元。

（二）用工用时分析

1. 测量+放线

传统技术：12924点÷259（点/日）=50天；

新技术：12924点÷500（点/日）=26天；

工期缩短：50-26=24天。

2. BIM 深化设计

传统技术需 18 天，本项目采用新技术后仅需 10 天。工期缩短 18－10＝8 天。

3. 装配式装修干式工法施工

传统技术需 61 天，本项目采用新技术后仅需 36 天。工期缩短 61－36＝25 天。

综上，工期缩短 24＋8＋25＝57 天。

（三）减碳分析

建筑装饰装修全生命期内产生的碳排放，包括材料的生产与运输阶段、建造与拆除阶段和运行阶段。本项目 BIM 技术实现了建筑全生命周期的资源共享，加快了建筑行业向工业化发展的速度；装配式技术实现了预制构件设计标准化、生产工厂化、运输物流化，以及安装专业化，提高了施工生产效率，减少了施工废弃物的产生。本项目技术的实施与应用，推动绿色建造技术发展，极大地提高建筑节能技术水平，降低建筑装饰过程中对环境带来的污染和破坏，有利于我市社会生态文明系统的建设，对发展环境友好型循环经济和实现可持续发展具有非常积极的意义。

四、项目总结

本项目综合采用建筑装修一体化设计、穿插流水施工，以及"基于 BIM 技术的室内装饰装修工程数字化测量放线施工工法""建筑装饰工程装配式部品部件 BIM 参数化数据库"，在实施工程中因地制宜进行技术创新，实现标准化部品部件可逆安装和无损拆除，极大地提高了装修工程质量和施工效率，降低了直接人工成本，减少了资源浪费，具有良好的经济效益和社会效益。

【案例七】

深湾汇云中心五期香格里拉酒店

建设单位：深圳地铁万科投资发展有限公司
施工单位：中国建筑一局（集团）有限公司
设计单位：深圳市郑中设计股份有限公司
装配式装修实施单位：深圳市建筑装饰（集团）有限公司
装配式装修部品部件生产单位：北新建材集团有限公司

一、项目概况

深湾汇云中心（SIC）五期位于深圳市南山区深圳湾超级总部基地内，总建筑面积20万m^2，建筑高度358.7m，是集写字楼、商业、酒店于一体的大型城市综合体，也是深圳湾超级总部基地首个竣工的超高层综合体。其中，香格里拉酒店公区大堂及宴会厅等功能区域位于该建筑的1~4层，酒店客房及餐饮休闲等配套功能区域位于67~78层，采用装配式装修的施工标段为67~71标准层酒店客房区域，主要涉及装配式装修成套技术应用、BIM技术应用及管理、标准化部品部件、无损拆除与可逆安装、穿插流水施工（表2.7-1）。

深湾汇云中心五期香格里拉酒店先后获得了深圳市第二批装配式装修试点项目和广东省装配式装修试点项目，还荣获2023年度广东省建筑装饰工程安全文明绿色

深湾汇云中心五期香格里拉酒店项目概况　　　表2.7-1

开工时间	2022年7月6日
竣工时间	2023年12月20日
建筑规模（面积/高度）	20万m^2/358.7m
结构类型	混凝土建筑
实施装配式装修面积	3.5万m^2
采用的装配式装修技术	成套技术应用、BIM技术应用及管理、标准化部品部件、无损拆除与可逆安装、穿插流水施工
项目特点与亮点	酒店客房标准户型装配式装修

工地称号。

本项目总平面图、建筑鸟瞰图、标准层平面图、户内平面布置图、装修效果图、装修现场图如图2.7-1～图2.7-16所示。

图2.7-1　总平面图

图2.7-2　鸟瞰图

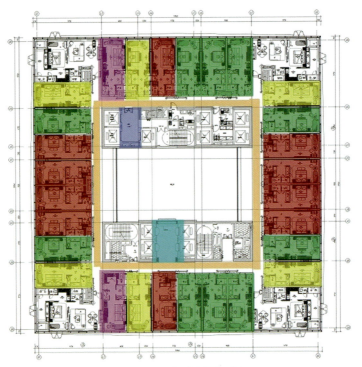

图2.7-3 标准层平面图

图2.7-4 平面布置图

图2.7-5　客房效果图

图2.7-6　客厅效果图(一)

图2.7-7　客厅效果图(二)

图 2.7-8　卫生间效果图

图 2.7-9　轻钢龙骨墙面现场图

图 2.7-10　木饰面背景墙现场图

图 2.7-11　卫生间隔墙钢架现场图

图 2.7-12　卫生间成品洗手台安装图

图 2.7-13　卫生间地砖薄贴施工图

图 2.7-14　卫生间成品洗手台安装效果图

图 2.7-15　套房效果图

图 2.7-16　客房装修效果图

二、装配式装修技术应用情况

（一）装配式装修BIM技术应用

深湾汇云中心五期香格里拉酒店装饰工程项目定位为超高层装配式酒店精装修项目，本项目预期通过BIM技术应用与管理、标准化部品部件的深化下单，以及多专业穿插流水施工的作业条件，依据《居住建筑室内装配式装修技术规程》SJG 96—2021要求进行装饰工程施工，具体实施内容如下：

（1）针对本项目的特殊定位，组织设计、监理、施工管理人员图纸会审，进场后进行全员读图，全员参与、统一思路，熟悉图纸及物料，进行质量通病预防，梳理重难点、工艺做法、基层做法、面层收口方式、成本控制和经营事项等。全员读图后，记录读图成果，针对图纸提疑（图2.7-17～图2.7-20）。

图2.7-17　全员读图

图2.7-18　方案深化

图2.7-19　技术交底

图2.7-20　重难点讨论

（2）建立BIM模型、综合管线图、各专业管线图、机房基础布置图、节点剖面图、预制分段图、支吊架布置图、剪力墙预留洞图、砌体预留洞图（图2.7-21～图2.7-23）。

（3）根据深化图纸定尺定量（图2.7-24），对需要排版定位、批量定制部品部件的装饰部位进行节点深化，确保部品化施工部品部件顺利加工安装。对成品和半成品部

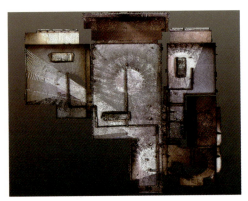

图2.7-21　点云扫描户型图

图2.7-22　BIM模型构件爆炸图

阶段化	
创建的阶段	新构造
拆除的阶段	无
尺寸标注	
宽度	920mm
高度	1110mm
窗扇框宽度	60mm
窗扇框厚度	50mm
玻璃厚度	20mm
粗略宽度	0
粗略高度	0
标识数据	
图像	<无>
类型图像	<无>
成本	0.00
类型标记	C1518

分析属性	
可见光透过率	0.9
日光得热系数	0.78
构造类型ID	GSP4R
传热系数（U）	3.6886W/(m²·K)
分析构造	1/8英寸Pilkington单层玻璃
热阻（R）	0.2711(m²·K)/W
约束	
偏移	120
材质和装饰	
窗扇框材质	<按类别>
把手材质	<按类别>
玻璃	<按类别>
其他	
嵌板厚度2D	25

图2.7-23　装配式部品部件规格参数图

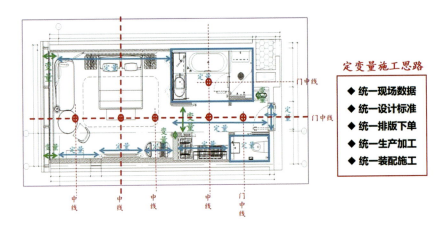

图2.7-24　深化图纸定尺定量

件进行批量化加工,减少或避免施工安装现场的切割,有序安排成品和半成品打包配送至相应使用空间,提高安装效率(图2.7-25)。

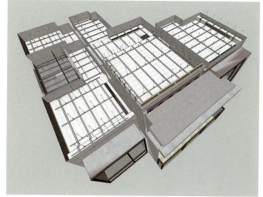

图2.7-25　材料排版定位批量下单

(二)超薄石材铝蜂窝复合隔墙装配化安装施工技术应用

深湾汇云中心五期香格里拉酒店装饰工程的卫生间隔墙采用了一种超薄石材铝蜂窝复合隔墙装配化安装施工技术,墙板选用6mm人造石复合在28mm铝蜂窝板正反两面,形成厚度为40mm成品复合隔墙板,采用预留开孔钢栓插接工艺进行板块连接(图2.7-26、图2.7-27)。

图2.7-26　超薄石材铝蜂窝复合隔墙效果图

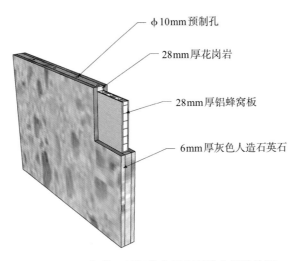

图2.7-27 超薄石材铝蜂窝复合隔墙分层结构图

1. 工厂定制，经济安全

采用工厂定制方式形成成品复合隔墙板，在保证受力强度的同时，将复合隔墙板的厚度压缩至最小。

石材层采用人造石材，一方面其在防潮、防酸、防碱、耐高温等方面具有长足进步，且重量较轻，进一步降低了隔墙的自重，另一方面则借助工厂定制预制隔墙避免了传统工法所导致的石材断裂或变形等问题。板材规格相对于传统工法而言可以更大更薄，且稳定性更高，不仅延长了装饰材料的使用寿命，还可进一步减轻隔墙的重量，节省材料生产成本，使装饰工程的经济性、环保性和安全性得到提升。

2. 机械连接，结构稳定

石材铝蜂窝复合隔墙板四周由28mm×50mm厚结构致密、质地坚硬的花岗石封边，复合隔墙板的上端和下端均分布了四个ϕ10mm×30mm的预留孔洞，安装时，先在预留孔洞中注入AB胶，接着固定ϕ8mm×60mm的不锈钢圆柱连接件，此种连接方式可以最大程度节约墙体的空间占用，结构紧凑，造型美观大气（图2.7-28）。

地面和顶面预埋5mm厚定制U形槽，用于固定石材铝蜂窝复合隔墙上下固定，墙面预留40mm宽槽，用于石材蜂窝铝隔墙侧边与墙体插接固定，从而保证隔墙整体的安全稳固性。

3. 装配化安装，方便快捷

工厂预留孔洞避免了现场开孔导致的石材崩裂，现场采用装配化安装方式，使整体施工速度得以提升。

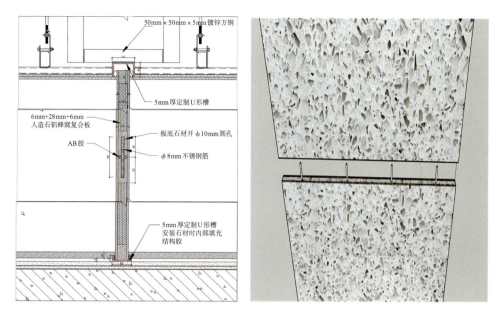

图 2.7-28 超薄石材铝蜂窝复合隔墙安装节点图

三、综合效益

（一）成本分析

深湾汇云中心五期香格里拉酒店装饰工程所采用的装配式装修材料均为厂家预制生产，现场仅进行安装，相对于传统施工工艺工法而言不仅保障了装饰效果，同时降低了施工时间，材料规格尺寸多为标准规格，大幅降低了材料因现场二次加工产生的废料，节省材料生产成本，使装饰工程的经济性、环保性和安全性得到提升，适合广泛推广使用。

（二）用工用时分析

以本项目卫生间使用的超薄石材铝蜂窝复合隔墙板为例，本造型蜂窝板石材复合板隔墙由蜂窝铝板与双面石材组成，复合板为厂家流水线批量制作，石材蜂窝板的平均重量约为$16kg/m^2$，几乎比同样厚度的天然石材轻 80%。不仅降低了材料的运输成本，同时也提高了施工人员的工作效率；采用装配化模块，通过工厂的精装加工，现场模块化之间的机械安装，不仅能对生产过程中的时间管理和成本控制进行精准测算，节省安装的时间提高安装效率，减少了人工消耗和材料浪费。与传统的石材隔墙干挂的施工方式进行对比，可节约人工费用35%。同时有助于降低由于现场加工导致的场地污染。该复合板石材板幅较大，在安装时可在短时间内完成较大面积的施工，单位安装效率高。石材铝蜂窝复合隔墙在工厂加工制成，现场组装均为手工组装，板块之间插接式机械连接相结合，安全质量可靠，可有效减少施工时间，提高整体施工效率。

（三）减碳分析

根据《深圳市建筑装饰碳排放计算标准》T/SZZS 01 001—2021的计算方式，算得深湾汇云中心五期香格里拉酒店装饰工程各阶段的碳排放量及碳排放强度如表2.7-2所示。

各阶段碳排放计算分析结果　　　　　表2.7-2

项目各阶段名称	总碳排放量 $kgCO_2e$	碳排放强度 $kgCO_2e/a$	碳排放强度 $kgCO_2e/m^2$	碳排放强度 $kgCO_2e/(a \cdot m^2)$
∨深圳地铁红树湾上盖开发项目（又名：深湾汇云中心）东区裙楼主题街区装修及2号线站后空间装修工程	1546858.25	154685.83	353.97	35.4
∨装饰材料生产及运输阶段	1163372.44	116337.24	266.22	26.62
装饰材料生产阶段碳排放量	362997.91	36299.79	83.07	8.31
装饰材料运输阶段碳排放量	800374.53	80037.45	183.15	18.32
∨建造及拆除阶段	383485.81	38348.58	87.75	8.78
建造阶段机械能耗量	377380.81	37738.08	86.36	8.64
建造阶段人工碳排放量	6105	610.5	1.4	0.14
拆除阶段机械碳排放量	0	0	0	0
拆除阶段人工碳排放量	0	0	0	0
∨运行阶段	0	0	0	0
能源消耗碳排放量	0	0	0	0
光伏系统减碳量	0	0	0	0

装配式装修对比传统装修的减碳路径，主要在于复合材料相较于传统装饰材料的生产碳排放量和施工现场再加工所需设备机具的能耗碳排放量。根据此前对深圳市已完工的多个装饰项目的碳排放量计算情况分析，各阶段碳排放占比如下：建材生产阶段产生碳排放量最大，占全行业碳排放的53%；其次是建材运输阶段，占全行业碳排放的21%；运行阶段、施工与拆除阶段产生的碳排放较少。施工阶段的碳排放量主要为施工机具和设备的碳排放量，此部分碳排放量在实施装配式装修后由于使用现场切割加工的机具大幅度下降，减碳量较为明显（图2.7-29）。

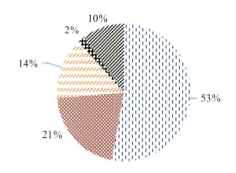

图2.7-29 装饰项目平均各阶段碳排放占比

四、项目总结

深湾汇云中心五期香格里拉酒店积极运用"定变量"科学管理理念，通过对关键环节进行标准化、规范化管理，确保整个施工流程中的不确定因素得到有效控制和优化；项目涉及的材料均统一排版下单，精细规划每一片材料的使用，减少不必要的裁剪损耗，提高材料利用率，确保部件质量的一致性和可靠性。

项目基于前期收集的现场数据，借助BIM系统精准模拟安装过程，生成最优的材料切割和排布方案，进一步降低能源消耗和材料损失；实施工厂预制与现场施工紧密结合的方案，进行规模化、流水线式、拼装式的材料生产加工，有效缩短施工周期，大大减少湿作业面积与环境污染。

【案例八】

中电长城大厦南塔项目

建设单位：中国长城科技集团股份有限公司、深圳中电蓝海控股有限公司
施工单位：深圳市中装建设集团股份有限公司
设计单位：深圳市中装建设集团股份有限公司
装配式装修实施单位：深圳市中装建设集团股份有限公司

一、项目概况

中电长城大厦南塔项目位于深圳市南山区深南大道及科苑中路交汇处的东北侧，项目装修面积为15701.49m^2（不包括南塔裙楼2层食堂工程面积）。项目承包范围包括中电长城大厦南塔首层前台和27～39层（含39层室外露天平台）、南塔裙楼2层食堂的精装修概念设计优化，并深化至方案设计、施工图设计、竣工图编制，机电设备采购、调试、运行，装修材料采购及施工，采用设计、采购、施工、验收、交付的总承包方式（表2.8-1、图2.8-1）。

中电长城大厦南塔项目概况　　　　表2.8-1

开工时间	2021年9月9日
竣工时间	2021年12月20日
建筑规模（面积/高度）	6.5万 m^2/199.6m
结构类型	框架-剪力墙结构
实施装配式装修面积	1.57万 m^2
采用的装配式装修技术	装配式吊顶技术、装配式墙板技术、装配式地面技术
项目特点与亮点	2023年广东省住房和城乡建设厅装配式装修试点项目，深圳市第二批装配式装修试点项目，2022年度装配式内装修"人气"项目案例，荣获金配奖·首届装配式装修创新应用与设计大赛金奖。本项目从设计到施工的全生命周期采用装配式装修，凭借设计标准化、生产工厂化、安装装配化的优势，有效助力现场施工精准、高效、有序推进

图2.8-1 项目大堂

中电长城大厦南塔项目为深圳市第二批装配式装修试点项目,通过广东省建筑业协会科学技术成果鉴定,获金配奖·首届装配式装修创新应用与设计大赛金奖,是2022年度装配式内装修"人气"项目案例,如图2.8-2所示。

图2.8-2 项目所获荣誉

该工程项目施工过程及完工现场照片如图2.8-3～图2.8-13所示。

图2.8-3 会议室施工照片

图2.8-4 走廊施工照片

图2.8-5 多功能大厅施工过程

图2.8-6　多功能大厅完工照片

图2.8-7　办公室施工照片

图2.8-8　接待前厅施工照片

图2.8-9 接待前厅完工照片

图2.8-10 办公区完工照片(一)

图2.8-11 办公区完工照片(二)

图2.8-12 会议室完工照片

图2.8-13 办公室完工照片

二、装配式装修技术应用情况

（一）装配式装修成套技术应用

1. 装配式装修吊顶系统

该项目过道公区及办公室设计方案吊顶为轻钢龙骨石膏板天花，基层选用材料为轻钢龙骨结构，面层选用材料为石膏板，采用防开裂免木天花轻钢龙骨系统工艺，实施工艺流程：施工准备→天花造型完成线→吊筋点位线→吊筋安装→安装水电设备→主龙骨安装→副龙骨安装→隐蔽验收→石膏板、型材安装。

（1）在吊顶基层施工时通过自有自主专利技术现场组织实施完成，在过道公区及办公室天花以轻钢龙骨材料施工为基础,通过螺丝吊杆、龙骨组件、纸面石膏板实现集成化结构安装,施工过程中不需要木材(多层夹板、木龙骨),也不需要拉铆钉,结构简单通俗易懂、集成式卡式快速安装、防变形防开裂维修率极低、节省人工节约材料、施工周期短结构稳定公差小(1mm),如图2.8-14所示。

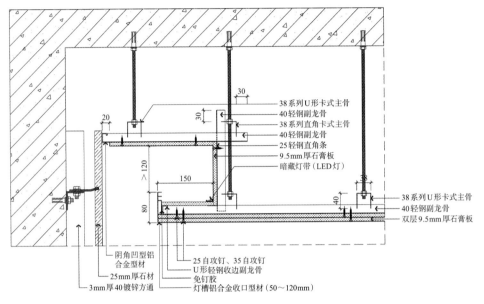

图2.8-14 装配式装修吊顶系统

(2)获得知识产权。

专利名称:一种天花板吊棚暗光源叠级造型立面无木结构;

发明专利号:201910458048X。

2. 装配式装修墙面系统

(1)本项目墙面工程为一体化设计标准部品部件墙板,即采用装配式标准铝蜂窝覆膜板干挂施工(其中木纹板约4800m²、布纹板约5400m²);基层结构选用调平卡件,面层选用铝蜂窝覆膜板,采用钩挂安装及插槽安装工艺,如图2.8-15所示。

实施工艺流程:放线→采用轻钢龙骨基层找平→安装上下铝合金卡条型材→(阳角处)根据纹路安装第一块墙板→安装竖向T形收口型材→安装第二块墙板→安装踢脚线→完成。

(2)墙板是采供专业合作供应产品,通过公司供应链平台、设计院、研究院、项目部四方信息化协同,使部品标准化、模数化、模块化,标准板为1220mm×2600mm×6mm,少数为定制板,通过数据化科学管理,完成装配式动作和施工流程,实现墙面安装过程装配式、可拆卸,如图2.8-16所示。

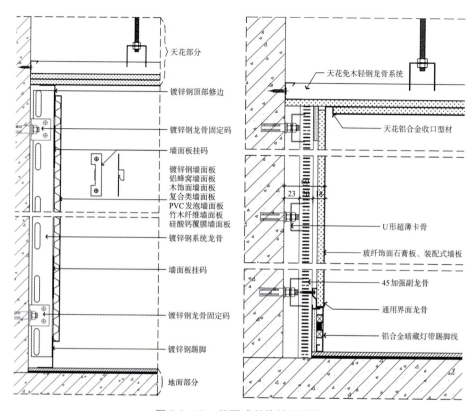

图 2.8-15　装配式装修墙面系统

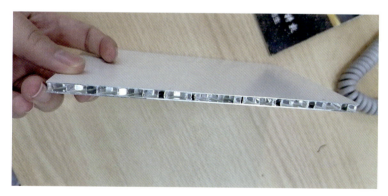

图 2.8-16　定制墙板

3. 装配式装修地面系统

该项目地面为瓷砖、石材，基层选用材料为架空地面，面层选用材料为地毯、瓷砖、石材，如图 2.8-17 所示。

实施工艺流程：地面标高放线→地面找平层（a 石膏/水泥自流平、b 架空地板）→铺贴双面背胶 EVA 专用地垫→铺贴大理石/瓷砖/岩板→玻璃胶四周暗胶收缝→施工完成。

本项目在地面瓷砖石材铺贴工程上，采用免水泥砂浆工艺，饰面层和粘贴层施工

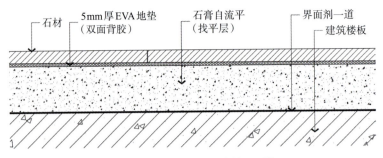

图 2.8-17 装配式装修地面系统

步骤均是干式工法。该安装构造包括设置于建筑楼板上的找平层、贴设于该找平层上的即时贴,以及贴设于该即时贴上的地面板块,地面板块之间设有夹缝,夹缝内填充有弹性密缝胶;时效性强,通过EVA地垫即时贴,在施工及运维都节约时间;不需要等待水泥砂浆的凝固时间,提高施工效率,具有不受应用场景的限制、施工快捷、无损拆装、低碳环保等优点,如图2.8-18所示。

图 2.8-18 地面瓷砖石材铺贴

(二)BIM技术应用及管理、机器人应用

本项目BIM一体化设计对缩短工程施工工期具有关键性作用,通过BIM模型前期深化,将办公区墙面装配式墙板实现标准化设计,减少8%左右材料浪费;减少信息沟通成本。

1. 实施前期

(1)根据无人机外围拍摄+三维激光扫描,建立BIM建筑模型,实地点云扫描测量误差。

（2）按建筑层数划分为四个区域，安排各专业BIM人员工作内容，熟悉各专业施工工艺，如图2.8-19所示。

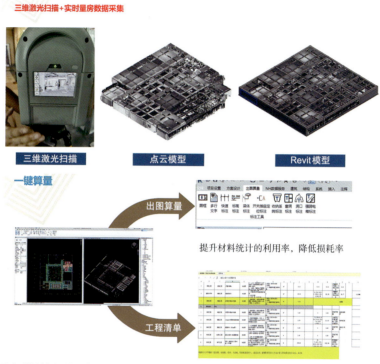

图2.8-19　施工工艺流程

2. 实施中期

（1）根据实际误差修改BIM模型，然后分别建立BIM精装、BIM机电管线、BIM族库。

（2）以修改后的BIM土建模型为参照，进行各专业BIM综合优化及设计。

（3）BIM综合优化完成后，出施工指导图纸、施工模拟动画，在施工前开展BIM技术交底，如图2.8-20所示。

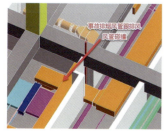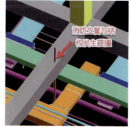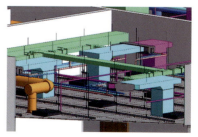

图2.8-20　BIM综合优化及设计

(4)安排BIM技术人员驻场,利用BIM技术指导施工。

三、综合效益

(一)成本与用工用时分析

1. 装配式吊顶

传统造型施工工艺与防开裂免木天花轻钢龙骨系统工艺对比分析如表2.8-2所示。

传统造型施工工艺与防开裂免木天花轻钢龙骨系统工艺对比　　表2.8-2

类别	传统跌级天花	防开裂免木天花轻钢龙骨系统	装配式装修优势
节点图纸	(图)	(图)	节约3道工序
施工材料	1.安装吊筋； 2.安装轻钢龙骨； 3.阻燃夹板刷防火涂料； 4.制作夹板灯槽造型； 5.安装夹板灯槽造型； 6.石膏板封板； 7.安装石膏板条灯槽立边	1.安装吊筋； 2.安装轻钢龙骨； 3.石膏板封板； 4.安装铝合金灯槽立边	节约2、3、4道材料
作业人员	2个木工+1个小工	2个木工	减少小工数量
施工功效	120m²/20个木工（不含油漆）	120m²/15个木工（不含油漆）	提升25%左右功效
防火等级	B1级	A级防火	提升天花防火等级
平整误差	≥3mm	≤2mm	降低油漆施工难度
质量保证	木基材受环境变化，容易引起结构变形，漆面开裂、起拱、掉漆	全轻钢龙骨结构牢固、结构稳定不变形、质量寿命延长	实现质保期内零维修
低碳环保	木材损耗高、木夹板甲醛释放	节约森林资源、无木夹板减少甲醛	实现绿色宜居空间

2. 装配式地面

传统地面施工工艺与免水泥砂浆工艺对比分析如表2.8-3所示。

传统地面施工工艺与免水泥砂浆工艺对比　　　　表2.8-3

类别	传统地面湿贴石材	免水泥砂浆地面石材	
节点图纸	(示意图)	(示意图)	节约2道工序
施工材料	1.面层瓷砖或者石材，素水泥粘贴层； 2.素水泥粘贴层； 3.30mm厚1:3干性水泥砂浆结合； 4.35mm厚C20细石混泥土找平层； 5.界面剂一道	1.面层瓷砖或者石材； 2.5mm厚EVA双面背胶地垫 3.65mm厚石膏自流平找平层； 4.界面剂一道	节约2、3材料
作业人员	2瓦工+1小工	1木工（装配工）+ 1瓦工+1小工	瓦工与木工相比，技术风险相对偏大
人工费用	（450～500元）+（200～250元）	（350～400元）+ （200～250元）	单个人工节约100元及以上
人工功效	10～15m²/(1瓦工+1小工)	20～30m²/ （1木工/装配工+1小工）	功效提升2～3倍
成品保护	1～2天方可上人	1～2天方可上人	可节约3%～5%工期
运营维修	电锤、切割机、专业作业人员施工	小刀、吸盘、全员可操作维修	维修成本更低廉有效
二次改造	破坏性拆除、建筑垃圾	保护性更换、二次利用	减少碳排放、节约资源

（二）减碳分析

1. 装配式吊顶

（1）装配式吊顶与传统工艺相比，实现吊顶叠级造型阴阳角顺直，采用防开裂免木天花工艺，减少施工现场批灰打磨，粉尘危害，社会效益较高。

（2）吊顶开创了轻钢龙骨结构零木材（多层夹板、木龙骨）的新思路，无需木工裁切多层木夹板，每平方节省木材0.0036mm³。同时，符合《建筑内部装修设计防火规范》GB 5022—2017消防要求，免木材（多层木夹板、木龙骨）结构不但节约了森林资源，还避免了木材（多层木夹板、木龙骨）中甲醛释放量带来的室内环境污染，并解决了木材物理性能变化引起装饰饰面变形、裂缝问题。

（3）部品部件采用了工厂加工，施工现场无大量废弃材料等垃圾。

（4）废旧的轻钢龙骨材料可以完全回收利用，减少了垃圾处理及环境污染。

2. 穿插流水施工

（1）优化施工计划，减少现场等待时间和重复作业，提高工作效率，可以降低设备闲置和过度能耗，如图2.8-21所示。

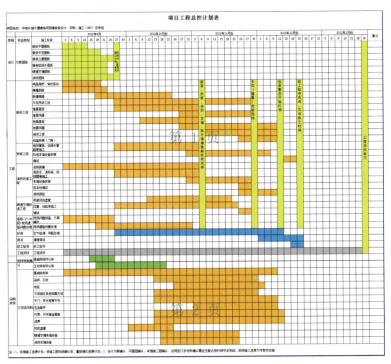

图2.8-21　项目工程总控计划表（截图）

（2）具体实施措施，如图2.8-22所示。

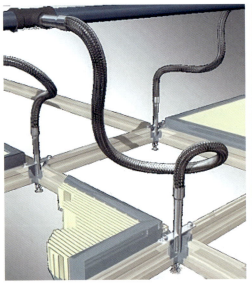

图2.8-22　优化施工措施

(3) 表格化全过程管理、实施分部分项工程流水作业。

(4) 增加辅助性设备工具（活动升降平台、可移动操作台）。

(5) 优化材料设备，在管线繁多部分天花，如核心筒过道天花上管线桥架繁多，后期施工误差容易导致精装修末端定位于BIM图纸有出入，所以将喷淋末端1米范围内改成金属软管连接，可实现交叉作业后期灵活定位，预留可以调节空间，提高施工质量及效率。

四、项目总结

中电长城大厦南塔项目从设计到施工的全生命周期采用一系列装配式装修技术，凭借设计标准化、生产工厂化、安装装配化的优势，有效助力现场施工精准、高效、有序推进。

(1) 装配式吊顶采用防开裂免木天花轻钢龙骨，替代传统木夹板，提升防火等级至A级，符合《建筑内部装修设计防火规范》GB 50222—2017要求，同时具备防潮不变形、快速施工、环保无甲醛、结构稳定等优点。该技术有效简化施工流程，通过集成式卡式安装提高效率，减少了人力和材料成本，缩短施工周期，降低后期维护成本，是环保、高效、高质量的现代装修方案。

(2) 装配式墙板技术采用铝蜂窝覆膜板，实现标准化模数化设计与工业化生产，现场安装快捷，不受环境影响，具有优异的耐污、耐刮擦性能。该技术提供了一种可拆卸、可逆安装的灵活装修方式，便于维修更换，提高了空间使用的灵活性和长期维护的便捷性，同时保持了良好的环境友好性。

(3) 装配式地面技术颠覆传统湿作业，采用干式工法，通过即时贴技术快速铺设地面板块，夹缝填充弹性密封胶，确保美观与实用性。该技术极大地缩短了施工周期，提升了施工效率，即时贴的使用减少了等待时间，便于快速投入使用。该系统还确保了地面的平整度和耐久性，简化了维护工作。

该项目通过全面采用装配式装修技术，不仅在技术上实现了施工的高效、环保与质量稳定，还体现了对未来建筑装修行业发展趋势的积极响应。这些技术显著提升了施工效率，缩短了项目周期，降低了能耗与环境污染，确保了装修品质与室内环境的安全健康，是符合绿色建造理念的现代化装修实践。

【案例九】

深圳美术馆新馆、深圳第二图书馆项目

建设单位：深圳市建筑工务署工程管理中心

施工单位：中建三局第一建设工程有限公司

设计单位：德国KSP尤根恩格尔建筑师国际有限公司、筑博设计股份有限公司

装配式装修实施单位：深圳市晶宫建筑装饰集团有限公司

装配式装修部品部件生产单位：北京富工利德科技发展有限公司

一、项目概况

深圳美术馆新馆、深圳第二图书馆项目位于深圳北站商务中心区，是由一个美术馆、一个图书馆和一个介于两者之间的公共广场共同组成的建筑。"两馆"项目是深圳"新时代重大文化设施"中首个开工建设、首个完工的项目，总建筑面积约13.8万 m^2（表2.9-1）。其中，深圳美术馆新馆建筑面积约6.6万 m^2，展览面积2万 m^2，半室外雕塑展场3900 m^2，建设内容包括典藏画库、各类展厅、学术报告厅、公教活动空间及配套功能区；深圳图书馆北馆地上6层，地下3层，设计藏书量800万册，提供座位2500个，建筑面积约7.2万 m^2，建设内容包括综合阅览区、展厅、报告厅、书库

深圳美术馆新馆、深圳第二图书馆项目概况　　　表2.9-1

开工时间	2022年5月27日
竣工时间	2023年5月30日
建筑规模（面积/高度）	13.8万 m^2/40m
结构类型	地下室为框架—剪力墙结构，局部钢结构，地上建筑主体结构为钢框架-中心支撑结构体系
实施装配式装修面积	4.02万 m^2
采用的装配式装修技术	装配式装修成套技术应用、装配式装修一体化设计流程、BIM技术应用及信息化管理、"IPMT（一体化项目管理）+全过程工程咨询"项目建设管理模式
项目特点与亮点	深圳市"新时代十大文化设施"之一，深圳第二批装配式装修试点项目之一，国内首个地下智能立体书库，智慧建造、精益建造项目

及配套功能区等。装配式装修实施面积4.02万m^2，实施范围包括美术馆、图书馆地下公共区域（含画库区域）装饰装修工程、"两馆"项目室外景观、绿化工程、承包区域内标识标牌工程。

"两馆"项目为深圳市第二批装配式装修试点项目，项目于2021年10月获得"深圳市建设工程安全生产与文明施工优良工地"表彰，2021年获评国家级和省级住房和城乡建设系统"质量月"观摩项目，2022年获得"广东省房屋市政工程安全生产文明施工示范工地"称号，2023年获得"第三批广东省建筑业绿色施工示范工程""中国钢结构金奖""中国建筑工程装饰奖"。

该工程建筑总平面图、鸟瞰图、标准层平面图、装修效果图、实景图、装修现场图如图2.9-1～图2.9-17所示。

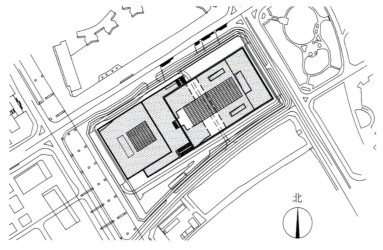

图2.9-1 建筑总平面图

图2.9-2 鸟瞰图

LAYOUT
设计范围

ART MUSEUM
美术馆

1MF

0 2 10 20 30 m

中央大厅上空   A.
大型展厅上空   B.
报告厅   C.
舞台机械控制室   D.
后台上空   E.
办公大堂上空   F.
艺术图书馆   G.
临摹室   H.

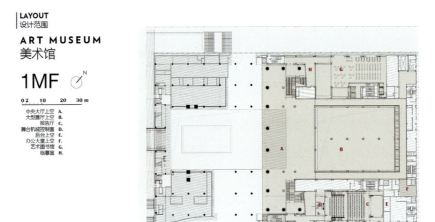

图2.9-3　美术馆一层平面图

INTERIOR PLANNING
设计范围

SECOND LIBRARY 图书馆

2F

0 2 10 20 30 m

图书馆主入口   A.
图书馆备用出入口   B.
安检   C.
旋梯   D.
休闲阅读区   E.
休闲阅读区   F.
服务台   G.
捐赠换书中心   H.
茶咖啡   I.
上书房   J.
老年阅读区   K.
贵宾室   L.
少儿服务区入口   M.
安检   N.
服务台(儿童)   O.
存包处   P.
玩具馆   Q.
少儿画作展览廊道   R.
自助借还书机   S.
亲子馆   T.
小剧场   U.
上三层儿童馆楼梯   V.
卫生间   W.
母婴室   X.
茶水区   Y.

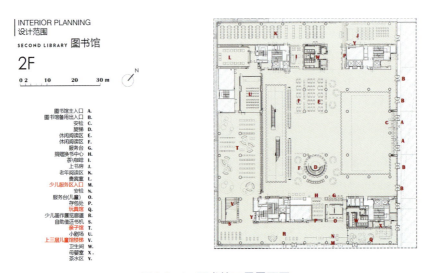

图2.9-4　图书馆二层平面图

SPACE PLAN
主要空间介绍

ART MUSEUM 员工餐厅

图2.9-5　美术馆负一层员工餐厅装修效果图

图2.9-6　美术馆一层中央大厅前台装修效果图

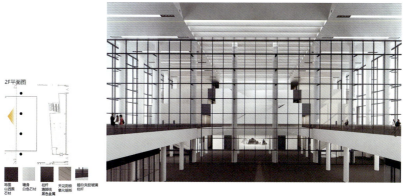

图2.9-7　美术馆二层开幕式位置2装修效果图

图2.9-8　美术馆二层开幕式位置4装修效果图

SPACE PLAN 主要空间介绍
ART MUSEUM 大展厅

图2.9-9　美术馆一层大展厅装修效果图

SPACE PLAN 主要空间介绍
ART MUSEUM 接待室

图2.9-10　美术馆一层接待室装修效果图

SPACE PLAN 主要空间介绍
ART MUSEUM 报告厅（暗装耳光）

图2.9-11　美术馆二层报告厅装修效果图

SPACE PLAN
主要空间介绍
ART MUSEUM 多功能厅

图2.9-12　美术馆四层多功能厅装修效果图

图2.9-13　图书馆中庭装修效果图

图2.9-14　美术馆整体实景图

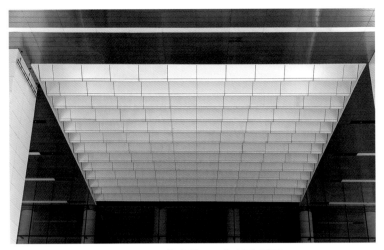

图2.9-15　美术馆月牙铝板实景图

图2.9-16　图书馆实景图

图2.9-17　美术馆负一层调湿板现场图

美术馆项目藏品库区采用墙面、天花扣装式环保调湿板技术，美术馆负一楼、办公区走廊采用装配式天花金属格栅吊顶技术，图书馆1～5层天花大面积采用集成金属板材吊顶技术，美术馆悬挑大雨棚天花采用干挂不锈钢板技术，图书馆1～5层墙面采用墙板挂钩安装金属板技术，中庭立柱采用扣装式蜂窝铝板技术，圆柱采用干挂GRG技术，地面大面积采用薄贴技术，美术馆局部水景区域采用架铺石材技术。

二、装配式装修技术应用情况

（一）装配式装修成套技术应用

1. 装配式装修吊顶系统

1）珍品文物库房用调湿板扣装式安装技术

深圳美术馆新馆及深圳第二图书馆项目地下文物库房天花、墙柱面采用规格为1000mm×1525mm×20mm调湿板进行面层装饰，其中天花面积3475.44m^2，墙面面积5392m^2，总面积8867.44m^2。基层选用材料为硅酸钙板，面层选用材料为调湿板，采用扣装式工艺。实施工艺流程为：现场测量、定位弹线→墙柱面轻钢龙骨支架安装→硅酸钙板基层找平→调湿板安装→铝合金装饰线条和墙裙安装→保洁→验收。

天花基层采用ϕ10吊杆，60mm×27mm×1.2mm主龙，50mm×19mm×0.5mm覆龙；墙面基层采用75mm×40mm轻钢龙骨。8mm厚硅酸钙板基层找平；如图2.9-18所示。

在吊顶、墙面面层施工时采用调湿板，如图2.9-19所示。

珍品文物库天花部位采用扣装式安装技术，铝合金木纹装修线条规格为75mm×12mm。调湿板接缝、螺钉孔及地面以上1000mm采用铝型材装修条扣装。如图2.9-20所示。

图2.9-18 硅酸钙板基层施工图

图2.9-19 调湿板面层施工图

图2.9-20 扣装式安装技术图

扣装式安装技术通过定制铝合金挂码、卡条,使调湿板与硅酸钙板固定连接,安装便捷,实现吊顶、墙面安装过程装配式、可拆卸施工。

调湿板不需借助额外的人工能源和机械设备,仅依靠自身的"高吸低放"能力实现对室内湿环境的调控。当室内空气相对湿度超过某一值时,材料吸收空气中的水分阻止空气相对湿度增加;当室内空气相对湿度低于某一值时,材料放出水分加湿空气阻止空气相对湿度降低(图2.9-21)。它不仅能高效准确地将室内空间调节到稳定的目标湿度,同时还具有安全环保性、耐火阻燃性、隔热性、装饰性、可循环利用等优良特性(表2.9-2)。

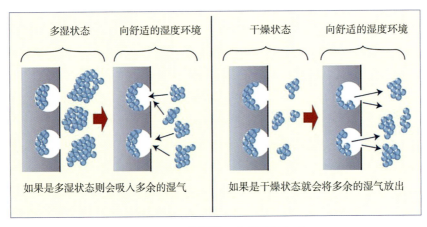

图2.9-21 调湿板工作原理示意图

本技术授权实用新型专利一项:一种调湿板安装结构(专利号:ZL202322543208.5);发表论文一篇:《珍品文物库房用调湿板及其安装技术》;获广东省建筑业协会成果鉴定一项:《珍品文物库房用调湿板及其安装技术》,结论为达到"国内先进"水平。

传统调湿与采用调湿板调湿数据对比表　　　表2.9-2

性能	传统调湿方式	调湿板调湿
节能型	控制方式单一，恒温恒湿空调24小时运行，能耗大，用电成本高	显著减少动力除湿和控温系统运行时间，安装使用简单，适用于多种室内场景
精准性	湿度控制不精准	通过配方和配比的技术手段，精准控温，结合恒温恒湿空调使用，可将湿度控制在±2%范围内
安全性	当空调设备出现故障，无调湿能力，会对藏品产生不良影响	即使设备出现故障，调湿板能继续发挥调湿功能，为设备抢修提供了窗口期
均匀性	湿度均匀性差	湿度均匀性好
稳定性	湿度稳定性差	湿度稳定性好

2）金属格栅吊顶卡扣式安装技术

项目设计方案餐厅、走道吊顶为金属格栅，基层选用材料为配套龙骨，面层选用材料为金属格栅，采用卡扣式工艺。实施工艺流程如下：

（1）在吊顶基层施工时采用定制龙骨，如图2.9-22所示。

（2）在吊顶面层施工时采用金属格栅，如图2.9-23所示。

（3）美术馆负一楼餐厅、办公区部位采用卡扣式安装技术，如图2.9-24所示。

卡扣式安装技术通过定制龙骨、螺栓，通过吊杆与天花结构固定连接，实现吊顶安装过程装配式、可拆卸施工。该技术获得实用新型专利一项：一种金属格栅安装结构，专利号ZL202420348950.2。

3）铝单板勾搭式安装技术

该项目设计方案图书馆吊顶为铝单板，基层选用材料为轻钢龙骨，面层选用材料为铝单板，采用勾搭式工艺。实施工艺流程如下：

（1）在吊顶基层施工时采用轻钢龙骨，如图2.9-25所示。

图2.9-22　定制龙骨图

图2.9-23　金属格栅安装图

图2.9-24　金属格栅图

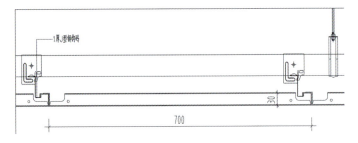

图2.9-25　勾搭式连接示意图

（2）在吊顶面层施工时采用3mm厚铝单板。

（3）图书馆天花部位采用勾搭式安装技术，如图2.9-26所示。

勾搭式安装技术通过定制J形龙骨，上面与轻钢龙骨骨架连接，下侧与铝单板折边固定连接，实现吊顶安装过程装配式、可拆卸施工。

图 2.9-26 勾搭式安装实景图

4) 高大空间月牙造型铝板装配式安装技术

图书馆与美术馆的屋面月牙铝板安装是本项目的核心工作,整体属于高大空间。图书馆的月牙铝板投影分布于一个 33.6m×33.6m 的正方形范围内,而美术馆的月牙铝板则分布在 84m×33.6m 的矩形区域内。铝板展开面积约 15970m^2。铝板尺寸大,造型独特,安装精度要求高。两馆的安装高度均接近 37m,属于高空作业范畴。该项目设计方案中图书馆屋面吊顶为月牙造型铝单板,基层选用材料为预制钢支座,面层选用材料为铝单板,采用单元式安装工艺。实施工艺流程如下:

测量放线→月牙造型铝板整体 BIM 深化及工厂加工→安装预制钢支座→单元板块 1 组装及吊装→单元板块 2 组装、吊装、固定→单元板块 1 安装固定→吊装板块 3 龙骨→吊装板块 3、4 和成品马道→安装栏杆→分项验收。

在吊顶基层施工时采用预制钢支座、螺栓组,如图 2.9-27 所示。

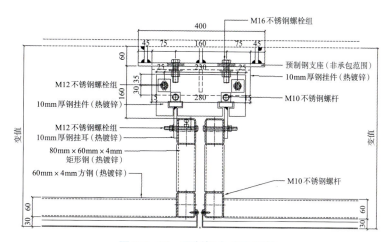

图 2.9-27 预制钢支座示意图

在吊顶面层施工时采用月牙铝板造型单元，由铝单板、吸声棉、镀锌钢骨架、挂耳等组成，如图2.9-28所示。

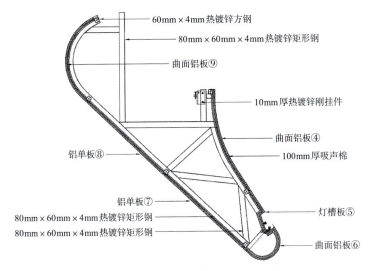

图2.9-28 月牙造型铝板单元示意图

图书馆天花部位采用单元式干挂安装技术，如图2.9-29所示。

图2.9-29 月牙造型铝板完成实景图

单元式干挂安装技术是指工厂同步完成铝单板的生产、镀锌钢龙骨架的弯弧，曲面铝单板、边框龙骨在工厂加工组装好后通过定制挂件、螺栓组，与主体钢结构固定连接，可上下、左右微调，实现吊顶安装过程装配式、可拆卸施工。总结该技术发表论文一篇：《高大空间月牙铝板造型天花装配式施工技术》。

2. 装配式装修墙面系统

该项目设计方案图书馆墙面为木纹复合金属板，基层选用材料为钢骨架，面层选用材料为复合金属板，采用勾挂式工艺。实施工艺流程如下：

（1）在墙面基层施工时采用镀锌钢骨架，如图2.9-30所示。

（2）在墙面面层施工时采用复合金属板，如图2.9-31所示。

图2.9-30　镀锌钢骨架实景图

图2.9-31　木纹复合金属板实景图

（3）图书馆墙面部位采用勾挂式安装技术。

勾挂式安装技术通过金属板背后定制挂件、定制水平金属龙骨，与镀锌钢骨架固定连接，实现墙面安装过程装配式、可拆卸施工。

该项目设计方案在美术馆悬挑雨棚总长59m，最大悬挑达27m的超限设计之下，仅靠两根独立柱加以支撑，采用蜂窝铝板包柱。基层选用材料为镀锌钢骨架，面层选用材料为蜂窝铝板，采用挂接式安装工艺。实施工艺流程如下：

（1）在墙面基层施工时采用镀锌钢骨架，如图2.9-32所示。

（2）在墙面面层施工时采用蜂窝铝板，如图2.9-33所示。

（3）独立柱装饰部位采用挂接式安装技术，如图2.9-34所示。

图2.9-32　镀锌钢骨架实景图　　图2.9-33　蜂窝铝板背面挂码实景图

图2.9-34　独立柱安装完成实景图

挂接式安装技术通过金属板背后定制挂件、挂码，与镀锌钢骨架横梁固定连接，蜂窝铝板与立柱采用沉头自攻螺钉连接固定，实现墙面安装过程装配式、可拆卸施工。该技术获得实用新型专利一项：独立柱包金属板的连接结构，专利号ZL202322538158.1。

该项目美术馆一楼中庭采用12根GRG圆柱，基层选用材料为镀锌钢骨架，面层选用材料为GRG圆柱，采用干挂式安装工艺。实施工艺流程如下：

（1）在墙面基层施工时采用镀锌钢骨架，如图2.9-35所示。

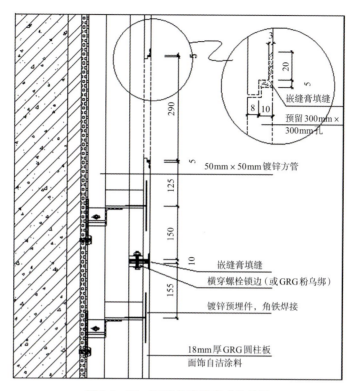

图2.9-35 GRG柱安装完成实景图

（2）在墙面面层施工时采用GRG圆柱，如图2.9-36所示。

（3）独立柱装饰部位采用干挂式安装技术。

干挂式安装技术通过GRG圆柱背面镀锌预埋件码，与镀锌钢骨架焊接连接，

图2.9-36 GRG柱安装完成实景图

GRG圆柱间蜂窝铝板与立柱采用沉头自攻螺钉连接固定，实现墙面安装过程装配式施工。

3. 装配式装修地面系统

该项目美术馆地面大面积为水磨石，基层选用材料为专用胶泥，面层选用材料为水磨石，采用薄贴工艺。实施工艺流程如下：

（1）在地面基层施工时采用地面扫浆，如图2.9-37所示。

（2）在地面面层施工时采用水磨石，如图2.9-38所示。

图2.9-37　地面扫浆实景图　　　　图2.9-38　水磨石铺贴实景图

（3）美术馆地面部位采用薄贴技术，如图2.9-39所示。

图2.9-39　地面薄贴实景图

薄贴技术通过专用胶泥铺贴。

该项目美术馆负一层水景区域为石材，基层选用材料为定制支撑器，面层选用材料为石材，采用架铺工艺。实施工艺流程如下：

（1）在地面基层施工时采用定制支撑器，如图2.9-40所示。

（2）在地面面层施工时采用石材，如图2.9-41所示。

图2.9-40 定制支撑器

图2.9-41 石材实景图

（3）美术馆地面部位采用架铺技术，如图2.9-42所示。

图2.9-42 地面架铺实景图

本项目室外水景区域超厚地面石材采用万能支撑架架空铺设，地面石材尺寸为1400mm×1400mm×80mm，铺设面积约2万m^2。万能支撑器主要用于地面支撑架空，可架空高度为150～1600mm，且单个支撑器承受压力为5.2～7.2t。支撑架不仅支撑高度可根据实际需求灵活调整，确保了施工的精确度与便捷性，而且还拥有卓越的结构强度，足以承载厚重石材，稳固耐用。

（二）装配式装修一体化设计流程

项目采用装配式建筑建造，主体结构为钢框架中心支撑体系，楼板采用免支模楼板——钢筋桁架楼承板；围护墙、内隔墙采用预制轻质条板，做到非砌筑、免抹灰；幕墙为玻璃幕墙及石材幕墙，石材幕墙采用模块化设计，每个模块构件均在工厂预制，现场安装；室内设计与建筑、结构、机电一体化设计，按全装修交付；BIM在设计、生产、施工一体化全过程应用；满足装配化理念，即一体化设计、工厂化生产、装配化施工、信息化管理。

（三）"IPMT（一体化项目管理）+全过程工程咨询"项目建设管理模式

为促进项目建设，践行高质量发展理念，深圳市建筑工务署创新采用"一体化项目管理+全过程工程咨询"模式，将"两馆"项目与新华医院项目、第二儿童医院项目等组成新华医院项目群，树立全周期管理意识，强化项目全方位管理，异中求同、互相借鉴，以提升项目管理成效。

例如，在图书馆的智能书库与图书调阅系统上，与两个医疗项目的物流系统相对比，在其不同中找出相同点，大大加快了对智能书库与图书调阅系统的理解，促进了项目建设。同时，在项目群各项目招标文件的编制过程中，充分运用该理论方法，互相借鉴、优势互补，提升项目建设标准与管理品质。

项目群在借鉴传统"和而不同"的基础上，通过发展形成独特的"求同存异"思想，寻求共同基础，保留特点特色，把"兼而有之"和"兼而用之"灵活地结合起来，成功地运用于项目管理建设中，拓展项目管理新思路、新方法，助推项目高品质建设。

三、综合效益

（一）成本分析

1. 墙面、天花调湿板扣装式安装

主要从运行费用来分析应用调湿板的经济性能，该地下工程总建筑面积约为8000m^2，共有7间珍品文物库房，按每个房间安装2台调温降湿机，共需要14台调温降湿机对地下珍品文物库房进行主动调湿。除湿机及运行时间符合以下原则：

（1）无调湿板降湿方式除在夏季高湿季节工况下24小时满负荷运行外，在其他时间则根据具体情况在部分负荷下运行。

（2）有调湿板降湿方式时，则充分利用调湿板和调湿机进行主被动调湿。

（3）"两馆"项目用电标准适用于普通工业用电、大量用电以及高需求用户。

有、无调湿板的运行费用对比如表2.9-3所示。

有、无调湿板的运行费用对比　　　　表2.9-3

月份	有调湿板				无调湿板			
	开启台数/台	总功率/kW	运行时间/h	运行费用/元	开启台数/台	总功率/kW	运行时间/h	运行费用/元
1～4月	7	8400	8	5483.52	14	16800	16	21934.08
5～10月	7	8400	10	10281.6	14	16800	24	49351.68
11～12月	7	8400	5	1713.6	14	16800	12	8225.28
合计	总费用为：17478.72元				总费用为：79511.04元			
以十年为一个运营周期，经测算对比，珍品文物库房安装调湿板每十年可节约电费：（79511.04-17478.72）×10=620323.2元								

2. 金属格栅卡扣式安装（主材甲供）

金属格栅卡扣式安装与传统安装方式的成本对比如表2.9-4所示。

金属格栅卡扣式安装与传统安装成本对比　　　　表2.9-4

传统金属格栅（U形挂片）安装	金属格栅卡扣式安装
综合单价：71.48元/m²	综合单价：98.47元/m²（20mm×80mm×1mm规格）
总计：71.48×545.75=39010.21元	总计：98.47×545.75=53740.00元
每平方米成本增加：98.47-71.48=26.99元/m²	

注：左侧71.48元/m²为同时期、同城市公司另外一项目综合单价

3. 铝单板勾搭式安装

铝单板勾搭式安装与传统安装方式的成本对比如表2.9-5所示。

铝单板勾搭式安装与传统安装成本对比　　　　表2.9-5

传统铝单板安装	铝单板勾搭式安装（1.5mm厚）
综合单价：215元/m²	综合单价：215元/m²
总计：215×8000=1720000.00元	总计：215×8000=1720000.00元
每平方米成本持平	

注：公共建筑铝单板常规也是采用勾搭式安装

4. 月牙造型铝板单元式干挂安装

月牙造型铝板单元式干挂安装与传统分步安装的成本对比如表2.9-6所示。

月牙造型铝板单元式干挂安装与传统分步安装成本对比　　表2.9-6

传统分步安装	单元式干挂安装
综合单价：450元/m^2	综合单价：380元/m^2
总计：15970×450=7186500.00元	总计：15970×380=6068600.00元
每平方米成本减少：450-380=70元/m^2	

注：综合单价含高空措施费用

5. 木纹复合金属板安装

木纹复合金属板勾挂式安装与普通镀锌钢纵横龙骨干挂安装成本对比如表2.9-7所示。

木纹复合金属板勾挂式安装与普通镀锌钢纵横龙骨干挂安装成本对比　　表2.9-7

普通镀锌钢纵横龙骨干挂安装	木纹复合金属板勾挂式安装
劳务单价：145元/m^2	劳务单价：110元/m^2
总计：145×1545.63=224116.35元	总计：110×1543.63=169799.30元
每平方米成本减少：145-110=35元/m^2	

6. 蜂窝铝板包独立柱

大尺寸蜂窝铝板挂接式安装与普通镀锌钢纵横龙骨干挂安装成本对比如表2.9-8所示。

大尺寸蜂窝铝板挂接式安装与普通镀锌钢纵横龙骨干挂安装成本对比　　表2.9-8

普通镀锌钢纵横龙骨干挂安装	大尺寸蜂窝铝板挂接式安装
综合单价：1591.06元/m^2	综合单价：1200元/m^2
总计：1591.06×859.12=1366911.47元	总计：1200×859.12=1030944.00元
每平方米成本减少：1591.06-1200=391.06元/m^2	

7. GRG 圆柱

GRG圆柱干挂式安装与普通镀锌钢纵横龙骨安装成本对比如表2.9-9所示。

GRG圆柱干挂式安装与普通镀锌钢纵横龙骨安装成本对比　　表2.9-9

普通镀锌钢纵横龙骨安装	GRG圆柱干挂式安装
综合单价：315.95元/m^2	综合单价：265元/m^2
总计：315.95×1085.21=342872.10元	总计：265×1085.21=287580.65元
每平方米成本减少：315.95-265=50.95元/m^2	

8. 薄贴石材

薄贴石材与普通湿贴石材成本对比如表2.9-10所示。

薄贴石材与普通湿贴石材成本对比　　　　表2.9-10

普通湿贴石材	薄贴石材
劳务单价：80元/m²	劳务单价：65元/m²
总计：80×4021.19=321695.2元	总计：65×4021.19=261377.35元
每平方米成本减少：80-65=15元/m²	

9. 架铺石材

架铺石材与普通湿贴石材成本对比如表2.9-11所示。

架铺石材与普通湿贴石材成本对比　　　　表2.9-11

普通湿贴石材	架铺石材（万能支撑器）
劳务单价：80元/m²	劳务单价：65元/m²
总计：80×219.52=17561.60元	总计：65×219.52=14268.80元
每平方米成本减少：80-65=15元/m²	

本项目装配式装修造价为1844.78元/m²，通过装配式装修可以优化装修成本结构。装配式装修是将通用化、标准化的基础部品进行规模化的工业生产，并对装修部品结构材料进行整合和创新开发，从而降低人工成本。本项目装配式装修的材料成本占比为60%，人工成本占比则不足总成本的20%。劳动力逐渐短缺及人力成本的快速增长，成为装配式装修发展的重要支撑因素。

（二）用工用时分析

本项目中装修合同工期为394天，采用装配式装修方式，实际进场具备施工天数为272天，装配式装修比传统装修可节约工期30.9%。但在前期设计阶段需解决传统装修中的工期不确定性问题。现场作业时间被有效缩短，只需简单拼装即可完成，有效缓解对人力的依赖和工期要求，还能最大程度降低施工对环境的影响。此外，对于重视装修周期的终端用户来说，装配式装修的时间价值，也就是提高施工效率后，为其带来的周转价值尤其重要。

（三）减碳分析

本项目装配式装修单位面积的碳排放量约为30kg/m²。装配式装修的核心是用工业化生产方式代替传统现场加工，提高现场作业效率，减少装修施工过程的碳排放量。装配式装修将主要能耗转移到标准化的生产模式中，而在安装、维护等环节的能耗有所降低，解决了传统模式因施工现场材料浪费产生碳排放量增加的问题。

四、项目总结

本项目为深圳市第二批装配式装修试点项目,项目管理团队结合项目工期紧、面积广、造型复杂等具体情况,采用装配式装修施工方式,满足标准化设计、工厂化生产、装配化施工、信息化管理的要求,有效解决了工期紧迫、交叉作业等困难,缩短了工期,降低了成本,质量安全可靠。项目施工完成后观感良好,得到业主和多方的认可和好评。现图书馆、美术馆已正式营业,该项目被打造成集美术展览、艺术收藏、文化交流、文化传承、全民阅读以及创新创业于一体的多功能的文化艺术殿堂,成了深圳市引以为傲的文化城市名片和文化地标建筑。

结语与展望

当前，我国装配式装修还处于发展初期，市场渗透较低，但其具有易于拆装、施工工期短等优势，当前主要以保障性住房、长租公寓和酒店行业为主要客户。根据有关报告研究显示，2025年，中国装配式装修市场规模将达到6327亿元，年化复合增速为38.26%。长远来看，随着行业新技术研发和推广应用，稳步实现规模化和产业化发展，装配式装修市场会受C端消费市场的新房装修和存量房翻新的影响再度扩容，相关企业也将扩大装配式装修布局。

《深圳市装配式装修项目案例汇编》通过9个典型项目，真诚而清晰呈现了深圳近年来装配式装修发展过程，旨在通过深入剖析、阶段性总结深圳市装配式装修相关技术成果和项目建设经验，为相关管理部门与企业提供参考，为下一阶段继续前行夯实基础。

在编制过程中，作为一本致力于深度与专业的书籍，所涉及的资料庞博而繁杂，在此特别感谢深圳市住房和建设局的全过程指导，为本书的编制提供了宝贵契机和重要支持。感谢入选项目各有关单位的无私分享与宝贵贡献，感谢编制组全体成员的共同努力、克服难题，方有本书的最终呈现。同时由于种种原因，本书还存在诸多不足，恳请相关单位或个人积极提出宝贵意见，为后续修订提供思路和借鉴。

只有通过项目实践不断优化和改善相关技术体系，装配式装修品质才能得到持续提升。随着装配式装修落地项目逐年增多，推广宣传力度持续提升，产业链不断完善升级，行业发展装配式装修的热情和信心将与日俱增，让我们共同期待深圳装配式装修更美好的明天！